第二次青藏高原综合科学考察研究丛书

国家出版基金项目
NATIONAL PUBLICATION FOUNDATION

藏东南
冰川快速退缩与冰湖灾害
科学考察报告

邬光剑 杨 威 王伟财 张国庆 周建民 等 著

科学出版社

北 京

内 容 简 介

本书基于野外监测数据、遥感影像并结合过去的考察资料，对藏东南地区过去 50 多年海洋型冰川和冰湖的变化进行了调查研究，阐明了该地区冰川的能量–物质平衡的基本过程，揭示了冰川面积、厚度、运动速度以及冰川融水变化的幅度、特征、原因，并对藏东南和喜马拉雅山中段的冰湖进行了危险性评估和溃决过程模拟。本书还介绍了目前新研究方法（过程模拟）、新技术（无人机航拍）在冰川和冰湖监测研究中的应用。本书共分 7 章，内容充实、图文并茂，并附有野外考察照片。

本书作为第二次青藏高原综合科学考察研究专题科学考察的成果，可供冰川、灾害、自然地理等方面的科研和教学人员参考使用，也可供相关地方生产建设部门使用。

审图号：GS京 (2022) 0591号

图书在版编目（CIP）数据

藏东南冰川快速退缩与冰湖灾害科学考察报告 / 邬光剑等著. —北京：科学出版社，2023.2

（第二次青藏高原综合科学考察研究丛书）

国家出版基金项目

ISBN 978-7-03-074968-0

Ⅰ. ①藏⋯ Ⅱ. ①邬⋯ Ⅲ. ①青藏高原–冰川–科学考察–研究 ②青藏高原–冰川湖–山地灾害–科学考察–研究 Ⅳ. ①P343.6 ②P694

中国版本图书馆CIP数据核字（2023）第035917号

责任编辑：石 珺 赵 晶 / 责任校对：樊雅琼
责任印制：肖 兴 / 封面设计：吴霞暖

科学出版社 出版

北京东黄城根北街16号
邮政编码：100717
http://www.sciencep.com

北京汇瑞嘉合文化发展有限公司 印刷
科学出版社发行 各地新华书店经销

*

2023年2月第 一 版 开本：787×1092 1/16
2023年2月第一次印刷 印张：12
字数：279 000

定价：168.00元

（如有印装质量问题，我社负责调换）

"第二次青藏高原综合科学考察研究丛书"
指导委员会

刘丛强　中国科学院地球化学研究所
龚健雅　武汉大学
焦念志　厦门大学
赖远明　中国科学院西北生态环境资源研究院
胡春宏　中国水利水电科学研究院
郭正堂　中国科学院地质与地球物理研究所
王会军　南京信息工程大学
周成虎　中国科学院地理科学与资源研究所
吴立新　中国海洋大学
夏　军　武汉大学
陈大可　自然资源部第二海洋研究所
张人禾　复旦大学
杨经绥　南京大学
邵明安　中国科学院地理科学与资源研究所
侯增谦　国家自然科学基金委员会
吴丰昌　中国环境科学研究院
孙和平　中国科学院精密测量科学与技术创新研究院
于贵瑞　中国科学院地理科学与资源研究所
王　赤　中国科学院国家空间科学中心
肖文交　中国科学院新疆生态与地理研究所
朱永官　中国科学院城市环境研究所

"第二次青藏高原综合科学考察研究丛书"
编辑委员会

第二次青藏高原综合科学考察队

藏东南冰川与冰湖科考分队人员名单

姓名	职务	工作单位
邬光剑	分队队长	中国科学院青藏高原研究所
杨威	执行队长	中国科学院青藏高原研究所
余武生	队员	中国科学院青藏高原研究所
叶庆华	队员	中国科学院青藏高原研究所
张国庆	队员	中国科学院青藏高原研究所
王伟财	队员	中国科学院青藏高原研究所
周建民	队员	中国科学院遥感与数字地球研究所
许向科	队员	中国科学院青藏高原研究所
T. Bolch	队员	苏黎世大学
O. King	队员	苏黎世大学
于正良	队员	中国科学院青藏高原研究所
刘克韶	队员	中国科学院青藏高原研究所
赵传熙	队员	中国科学院青藏高原研究所
聂维	队员	中国科学院青藏高原研究所
黄成	队员	珠海云洲无人船
向洋	队员	西安科技大学
王盛	队员	山西师范大学

丛书序一

　　青藏高原是地球上最年轻、海拔最高、面积最大的高原，西起帕米尔高原和兴都库什、东到横断山脉，北起昆仑山和祁连山、南至喜马拉雅山区，高原面海拔 4500 米上下，是地球上最独特的地质－地理单元，是开展地球演化、圈层相互作用及人地关系研究的天然实验室。

　　鉴于青藏高原区位的特殊性和重要性，新中国成立以来，在我国重大科技规划中，青藏高原持续被列为重点关注区域。《1956—1967年科学技术发展远景规划》《1963—1972 年科学技术发展规划》《1978—1985 年全国科学技术发展规划纲要》等规划中都列入针对青藏高原的相关任务。1971 年，周恩来总理主持召开全国科学技术工作会议，制订了基础研究八年科技发展规划（1972—1980 年），青藏高原科学考察是五个核心内容之一，从而拉开了第一次大规模青藏高原综合科学考察研究的序幕。经过近 20 年的不懈努力，第一次青藏综合科考全面完成了 250 多万平方千米的考察，产出了近100 部专著和论文集，成果荣获了 1987 年国家自然科学奖一等奖，在推动区域经济建设和社会发展、巩固国防边防和国家西部大开发战略的实施中发挥了不可替代的作用。

　　自第一次青藏综合科考开展以来的近 50 年，青藏高原自然与社会环境发生了重大变化，气候变暖幅度是同期全球平均值的两倍，青藏高原生态环境和水循环格局发生了显著变化，如冰川退缩、冻土退化、冰湖溃决、冰崩、草地退化、泥石流频发，严重影响了人类生存环境和经济社会的发展。青藏高原还是"一带一路"环境变化的核心驱动区，将对"一带一路"沿线 20 多个国家和 30 多亿人口的生存与发展带来影响。

　　2017 年 8 月 19 日，第二次青藏高原综合科学考察研究启动，习近平总书记发来贺信，指出"青藏高原是世界屋脊、亚洲水塔，是地球第三极，是我国重要的生态安全屏障、战略资源储备基地，是中华民族特色文化的重要保护地",要求第二次青藏高原综合科学考察研究要"聚焦水、生态、人类活动,着力解决青藏高原资源环境承载力、灾害风险、绿色发展途径等方面的问题,为守护好世界上最后一方净土、建设美丽的青藏高原作出新贡献,让青藏高原各族群众生活更加幸福安康"。习近平总书记的贺信传达了党中央对青藏高原可持续发展和建设国家生态保护屏障的战略方针。

第二次青藏综合科考将围绕青藏高原地球系统变化及其影响这一关键科学问题,开展西风–季风协同作用及其影响、亚洲水塔动态变化与影响、生态系统与生态安全、生态安全屏障功能与优化体系、生物多样性保护与可持续利用、人类活动与生存环境安全、高原生长与演化、资源能源现状与远景评估、地质环境与灾害、区域绿色发展途径等 10 大科学问题的研究,以服务国家战略需求和区域可持续发展。

"第二次青藏高原综合科学考察研究丛书"将系统展示科考成果,从多角度综合反映过去 50 年来青藏高原环境变化的过程、机制及其对人类社会的影响。相信第二次青藏综合科考将继续发扬老一辈科学家艰苦奋斗、团结奋进、勇攀高峰的精神,不忘初心,砥砺前行,为守护好世界上最后一方净土、建设美丽的青藏高原作出新的更大贡献!

孙鸿烈

第一次青藏科考队队长

丛书序二

　　青藏高原及其周边山地作为地球第三极矗立在北半球，同南极和北极一样既是全球变化的发动机，又是全球变化的放大器。2000年前人们就认识到青藏高原北缘昆仑山的重要性，公元18世纪人们就发现珠穆朗玛峰的存在，19世纪以来，人们对青藏高原的科考水平不断从一个高度推向另一个高度。随着人类远足能力的不断加强，逐梦三极的科考日益频繁。虽然青藏高原科考长期以来一直在通过不同的方式在不同的地区进行着，但对于整个青藏高原的综合科考迄今只有两次。第一次是20世纪70年代开始的第一次青藏科考。这次科考在地学与生物学等科学领域取得了一系列重大成果，奠定了青藏高原科学研究的基础，为推动社会发展、国防安全和西部大开发提供了重要科学依据。第二次是刚刚开始的第二次青藏科考。第二次青藏科考最初是从区域发展和国家需求层面提出来的，后来成为科学家的共同行动。中国科学院的A类先导专项率先支持启动了第二次青藏科考。刚刚启动的国家专项支持，使得第二次青藏科考有了广度和深度的提升。

　　习近平总书记高度关怀第二次青藏科考，在2017年8月19日第二次青藏科考启动之际，专门给科考队发来贺信，作出重要指示，以高屋建瓴的战略胸怀和俯瞰全球的国际视野，深刻阐述了青藏高原环境变化研究的重要性，要求第二次青藏科考队聚焦水、生态、人类活动，揭示青藏高原环境变化机理，为生态屏障优化和亚洲水塔安全、美丽青藏高原建设作出贡献。殷切期望广大科考人员发扬老一辈科学家艰苦奋斗、团结奋进、勇攀高峰的精神，为守护好世界上最后一方净土顽强拼搏。这充分体现了习近平生态文明思想和绿色发展理念，是第二次青藏科考的基本遵循。

　　第二次青藏科考的目标是阐明过去环境变化规律，预估未来变化与影响，服务区域经济社会高质量发展，引领国际青藏高原研究，促进全球生态环境保护。为此，第二次青藏科考组织了10大任务和 60 多个专题，在亚洲水塔区、喜马拉雅区、横断山高山峡谷区、祁连山 - 阿尔金区、天山 - 帕米尔区等 5 大综合考察研究区的 19 个关键区，开展综合科学考察研究，强化野外观测研究体系布局、科考数据集成、新技术融合和灾害预警体系建设，产出科学考察研究报告、国际科学前沿文章、服务国家需求评估和咨询报告、科学传播产品四大体系的科考成果。

两次青藏综合科考有其相同的地方。表现在两次科考都具有学科齐全的特点，两次科考都有全国不同部门科学家广泛参与，两次科考都是国家专项支持。两次青藏综合科考也有其不同的地方。第一，两次科考的目标不一样：第一次科考是以科学发现为目标；第二次科考是以摸清变化和影响为目标。第二，两次科考的基础不一样：第一次青藏科考时青藏高原交通整体落后、技术手段普遍缺乏；第二次青藏科考时青藏高原交通四通八达，新技术、新手段、新方法日新月异。第三，两次科考的理念不一样：第一次科考的理念是不同学科考察研究的平行推进；第二次科考的理念是实现多学科交叉与融合和地球系统多圈层作用考察研究新突破。

"第二次青藏高原综合科学考察研究丛书"是第二次青藏科考成果四大产出体系的重要组成部分，是系统阐述青藏高原环境变化过程与机理、评估环境变化影响、提出科学应对方案的综合文库。希望丛书的出版能全方位展示青藏高原科学考察研究的新成果和地球系统科学研究的新进展，能为推动青藏高原环境保护和可持续发展、推进国家生态文明建设、促进全球生态环境保护做出应有的贡献。

姚檀栋
第二次青藏科考队队长

前　言

　　冰川是气候的产物,是冰冻圈的重要组成部分。它既是气候变化的记录器,又是气候变化的驱动器。冰川是全球水循环的重要部分,它作为固体水库,融水对下游的生态环境和社会经济发展具有重要的影响。在全球变化背景下,冰川变化及其环境影响是国际学术界的研究热点。根据汤森路透集团对 2009 ~ 2016 年研究文献的聚类分析,"区域和全球冰川质量变化与气候变化的水文响应研究"和"高亚洲冰川质量变化研究"分别入选 2015 年度和 2016 年度地球科学领域的 TOP10 热点前沿。印度季风和中纬度西风两大环流影响下水分和热量的分布如何控制第三极地区冰川变化?近期冰川变化的特征是什么?未来冰川变化的趋势及其环境效应如何?回答这些科学问题,对认识青藏高原冰川与环境变化、开发利用区域水资源、评估与预警冰川灾害等,均具有重要的科学与现实意义。

　　藏东南是印度季风水汽进入青藏高原的重要通道。丰沛的降水和高大的山脉使该地区成为我国季风海洋型冰川的发育中心。根据中国冰川编目资料统计,仅藏东南雅鲁藏布江大拐弯处的帕隆藏布流域和察隅河流域就发育有冰川约 4007 条,冰川面积 8012 km^2,冰储量 819.3 km^3。该地区海洋型冰川具有高消融、高补给和高水分转换的特征,对气候变化极其敏感。近年来,随着青藏高原气候快速变暖,藏东南海洋型冰川呈现强烈的面积萎缩与冰量损失。

　　藏东南地区冰川融水径流大部分汇入雅鲁藏布江等跨境河流,而这些河流蕴藏着丰富的水能和水量资源,是我国水能的战略储备区,对我国能源安全及 CO_2 减排有重要作用。如何正确认识和评估该地区海洋型冰川变化并准确估算冰川径流总量及其演变趋势,直接影响到该地区水利水电资源的开发利用。同时,海洋型冰川的快速变化也可以在该地区造成严重的灾害,近期冰川融水量增大及冰川快速后退导致许多冰碛湖出现和扩张,由此可能引发严重的冰崩、冰川泥石流及冰湖溃决洪水等冰川灾害,危及交通基础设施和下游地区人民生命财产安全。

传统的冰川变化研究在很大程度上受到观测技术和手段的限制，如冰川积累量的测杆和雪坑观测方法，耗费大量的人力物力且存在代表性差、时间分辨率低等问题。基于无人机观测的冰川体积变化、差分 GPS 高程测量等多时像、高精度、高分辨率遥感（如国产高分系列卫星、欧洲空间局的 Sentinel 系列卫星）等新型观测技术的出现，可以从更广视角、更长时间尺度研究不同状态冰川变化，满足了星地协同观测的要求。随着卫星遥感资料的日益丰富，发展和应用多源遥感资料获取冰川变化信息已成为目前研究冰川变化的主要手段，这也是进一步开展大范围冰川变化及其影响研究的迫切需求。同时，这些数据为各种冰川变化模型的发展提供了重要的基础数据，从而有望在冰川变化机制及影响研究方面取得突破性进展。

考察藏东南地区海洋型冰川变化及其相应的灾害，不仅是理解该地区多圈层相互作用、水汽传输和地表过程的基础，也可以服务于青藏高原生态安全屏障建设，为国家"一带一路"倡议的实施提供科技支撑。在第二次青藏科考中，藏东南冰川科考分队以现代观测技术为手段（遥感＋无人机＋差分 GPS），点面结合，获取代表性冰川变化的各项综合指标（冰量、运动速度、冰川能量平衡、冰川水文等），对比分析第一次青藏科考重点研究冰川的研究成果，揭示藏东南海洋型冰川变化及机理，为准确评估该地区冰川径流变化趋势及环境影响等方面提供第一手的实测资料与数据。

因此，本次科考关注的关键科学问题包括：①藏东南海洋型冰川变化的幅度、特征以及如何响应全球变暖；②藏东南地区的冰湖分布、变化特征与潜在危险性评估。针对这两个科学问题，本次科考主要开展了两个方面的工作：第一，对第一次青藏科考涉及的冰川开展考察工作，获得相关影像资料和观测数据，开展对比研究，分析近50年来的冰川末端、面积、体积和运动速度等的变化，并与气候变化和人类活动进行综合集成研究，揭示冰川变化的原因；第二，开展冰湖实地调查，结合遥感影像资料，对目前冰湖溃决风险进行评估。

藏东南冰川野外科考工作分多次进行，最主要的一次野外科考工作是从 2018 年10 月 28 日开始到 12 月 1 日结束。此次科考路线分为两条：冰川考察路线为拉萨—林芝—色东普沟（冰崩堵江）—珠西沟冰川—雅弄（来古）冰川—阿扎冰川—则普冰川—24K 冰川，冰湖考察路线为拉萨—日喀则—聂拉木县—樟藏布。本书主要依托 2018 年开始的第二次青藏高原综合科学考察——藏东南冰川考察的初步成果进行撰写，也融合了科考分队成员前期对藏东南冰川变化、能量平衡、冰湖灾害及遥感监测等方面的研究进展，以及其他研究人员在该地区的研究成果。由于野外开展的大量观测数据的分析和样品采集后的实验测试尚未全部完成，目前的成果总结和分析仅是初步的，疏漏和不足之处在所难免，还请读者批评指正。

藏东南冰川快速退缩与冰湖灾害科学考察分队

2019 年 7 月

摘　要

　　藏东南地区是我国海洋型冰川的发育中心。在近期全球变暖的大背景下，藏东南海洋型冰川正在经历着快速的变化，进而引发冰崩堵江、冰湖溃决等一系列冰川灾害事件，极大地影响了区域水资源、水安全及重大工程建设。通过第二次青藏科考——藏东南冰川快速退缩与冰湖灾害科学考察，结合前期研究，基于遥感和实测资料，综合分析藏东南冰川各项参数（冰川的末端位置、面积、体积、运动速度、融水径流等）的变化，同时从气候和环流变化的角度分析近期藏东南冰川变化的原因，并评估冰湖溃决的风险等。本次藏东南冰川和冰湖科学考察的主要结论和认识如下。

　　通过遥感与地面实测（特别是与第一次青藏科考珍贵影像和数据对比）研究发现，小冰期至 20 世纪 80 年代，藏东南地区海洋型冰川面积萎缩了大约 4.3%。1980 ～ 2015 年，藏东南冰川末端持续后退，冰川面积加速萎缩，冰川面积已经减少了约 25%。代表性冰川的物质平衡观测数据及遥感数据均表明，2000 年以后藏东南地区冰川整体处于严重的亏损状态并呈现出加速亏损的趋势，亏损程度高于青藏高原内部和西部地区。

　　通过地面 GPS 实测数据与遥感监测数据发现，与第一次青藏科考获得的 20 世纪 70 ～ 80 年代部分冰川的观测结果相比，近期本区海洋型冰川的运动速度明显减缓，减少幅度甚至高达 50%。其原因是冰川物质补给的减少，冰川动力学状况发生明显的改变。

　　藏东南部分海洋型冰川表面被表碛覆盖。表碛虽然对冰川消融起到部分减缓作用，但冰川整体仍处于快速消融和退缩状态。快速消融导致藏东南地区中小规模冰川面临着消失的危险。藏东南气温的持续升高、印度季风环流减弱导致的降水减少以及黑碳等吸光性物质在冰川表面沉降的增加是近期海洋型冰川冰量严重亏损的主要原因。

　　冰川退缩及冰川动力状态变化也加剧了冰川灾害风险，特别是喜马拉雅山中段和藏东南地区冰川的冰体崩塌和冰湖溃决。因此亟须在典型冰川灾害频发区开展综合性的监测与预警工作，服务区域社会发展。

目　　录

第 1 章

藏东南海洋型冰川分布特征
及研究历史

藏东南地区位于喜马拉雅山脉最东端、念青唐古拉山脉与横断山脉交汇处，在行政区域上主要包括西藏自治区林芝市的巴宜区、工布江达县、米林县、墨脱县、波密县、察隅县及昌都市的八宿县。藏东南地区是印度季风水汽进入青藏高原的重要通道。丰沛的季风降水和高海拔的地形，使这一地区成为我国季风海洋型冰川的发育中心（图 1.1）。该地区海洋型冰川具有高消融、高补给和高水分转换的特征，对气候变化极其敏感。该地区在研究印度季风与海洋型冰川变化关系方面具有独特的区域优势。

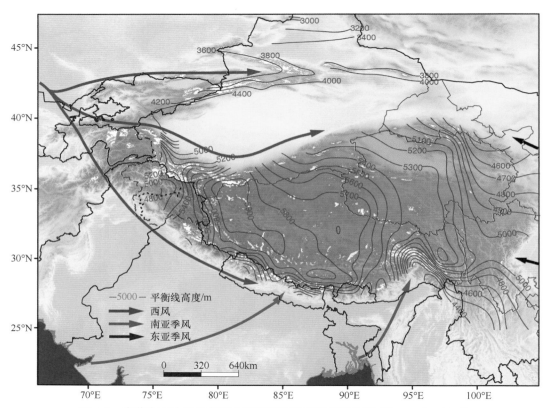

图 1.1　青藏高原冰川分布及冰川平衡线高度的空间分布（Yao et al.，2012）

1.1　藏东南海洋型冰川的分布及水热发育条件

冰川是高寒地区降雪积累后经过粒雪化、密实变质成为冰川冰，且达到一定厚度并能在重力作用下缓慢流动的自然冰体。水（降水）、热（气温）及其组合是影响冰川发育的主要气候因子。降水决定冰川积累，气温决定消融。降水的多寡及年内分配和年际变化影响冰川的补给和活动性，而气温的高低影响成冰作用和冰川消融。降水和气温共同决定冰川的性质、发育和演化。

按照冰川的水热发育条件及其物理特征，可以把我国的冰川分为海洋型、亚大陆型或亚极地型和极大陆型或极地型三类（施雅风，2000）：①海洋型冰川，主要分布在西藏东南部和川西滇西北地区,包括喜马拉雅山东段、念青唐古拉山中东段和整个横断山系,现代冰川约 13200 km²,占我国现代冰川总面积的 22%。其特点是发育在季风海洋性气候条件下,拥有较好的水热条件,平衡线高度处的年降水量可达 1000 ～ 3000 mm,夏季温度为 1 ～ 5 ℃,冰温为 –1 ～ 0 ℃,具有较低的雪线高度及较高的冰川运动速度,冰川的消融期较长,冰川表面多冰井,冰内和冰下河道发育(李吉均等,1986)。②亚大陆型或亚极地型冰川,分布于阿尔泰山、天山、祁连山的大部分、昆仑山东段、唐古拉山东段、念青唐古拉山西段、冈底斯山部分、喜马拉雅山中西段的北坡及喀喇昆仑山北坡,冰川面积达 27200 km² 左右,占我国现代冰川总面积的 46%。这类冰川平衡线高度处的年降水量为 500 ～ 1000 mm,年均温为 –12 ～ –6℃,夏季温度为 0 ～ 3℃,20 m 深度以上的活动层冰温为 –10 ～ –1℃。③极大陆型或极地型冰川,分布于中、西昆仑山和羌塘高原、帕米尔高原东部、唐古拉山西部、冈底斯山西段、祁连山的西部,面积约 19000 km²,占我国冰川总面积的 32%。这类冰川平衡线高度处的年降水量为 200 ～ 500 mm,平均气温低于 –10℃,冰面夏季气温亦低于 –1℃。在极其寒冷干燥环境下,冰面蒸发耗热较大,抑制了融化。

青藏高原东南部属于印度季风亚热带山地气候,位于印度暖湿气流进入青藏高原的水汽通道上,加上地形的强迫抬升,使这里成为青藏高原降水最多和最湿润的地区。从每年的 3 月开始,雅鲁藏布大峡谷地区(95°E,25° ～ 29°N)就存在一条湿舌,比同纬度的西部地区的降水要强;藏东南察隅地区、滇西北一带雨季自 3 月开始,与长江中游一带同为我国雨季开始得最早的地区(高登义等,1985)。该地区雨季结束于 9 月底 10 月初,可持续 7 个月之久,是全高原雨季最长的地方(叶笃正和高由禧,1979)。

藏东南季风降水极为丰沛,其拥有东西走向的高大山体,是大型冰川发育的集中区域,面积大于 100 km² 的大型海洋型冰川有 4 条(表 1.1),其中 3 条位于印度暖湿气流沿雅鲁藏布江大拐弯北上通道的念青唐古拉山南坡,包括西藏境内面积最大、长度最长的恰青冰川(长度 35.3 km、面积约 206.7 km²)及其邻近的夏曲冰川和那龙冰川。此外,该地区还发育有 12 条面积介于 50 ～ 100 km² 的冰川。许多大型山谷冰川的冰舌穿越亚高山灌丛草甸带、山地暗针叶林带和针阔混交林带,前端甚至接近亚热带种植区(如易贡茶叶、木瓜)。

表 1.1　藏东南面积大于 100 km² 的冰川统计(施雅风,2000)

名称	所在山脉	最高峰高度 /m	长度 /km	面积 /km²	储量 /km³	雪线高度 /m	冰川末端高度 /m
恰青	念青唐古拉山	6356	35.3	206.7	52.1	4890	2900
夏曲	念青唐古拉山	6692	21	163.6	38.32	4800	3160
那龙	念青唐古拉山	6204	19	117.8	24.87	4500	3500
雅弄*	岗日嘎布山	6606	32.5	191.5	47.11	4850	3960

* 雅弄冰川也被称为来古冰川。

此外,由于山脉走向及水汽传输强度的变化,冰川平衡线高度也呈现出明显的空间差异。图 1.2 显示了雅鲁藏布江流域内沿经向冰川平均平衡线高度、最高和最低平衡线高度的分布。从图 1.2 可以看出,藏东南海洋型冰川平衡线高度是整个雅鲁藏布江流

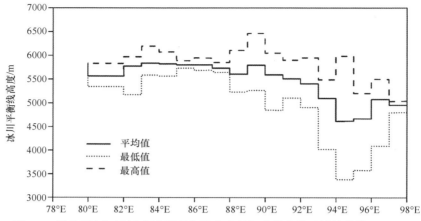

图 1.2　雅鲁藏布江流域内冰川平衡线高度随经度的变化（姚檀栋等，2010）

域最低的，但在空间上呈现明显的差异，最低的冰川平衡线高度为 3500 m 左右，而同一经度处最高的平衡线高度接近 6000 m，说明藏东南地区冰川发育的水热条件及冰川物理属性在短距离内会发生明显的变化。

藏东南海洋型冰川对于河川径流有着强大的补给能力。研究冰川融水对河川径流的补给能力及预测未来径流的变化，对于该地区水能资源开发及国际河流水资源分配利用等都具有现实意义。因此，需要加大对这一地区冰川的研究力度，建立综合、系统的监测体系，为藏东南及周边地区的生态环境保护和区域可持续发展提供支撑。

1.2　藏东南海洋型冰川研究历史

20 世纪 70 年代，第一次青藏高原综合科学考察队在藏东南开展了海洋型冰川的气象－冰川－水文观测，在该地区现代冰川的水热发育条件及古冰川规模等方面取得了重要认识，明确了我国海洋型冰川的基本特征，如水热转换状态、冰川物理及第四纪以来冰川发育序列的大致时间与规模等（李吉均等，1986）。

1973 年，科考队选取藏东南地区的阿扎冰川和珠西沟冰川开展详细的冰川观测。科考队在对阿扎冰川进行考察时，曾对察隅曲的东西支流和北坡进行了短期的气象对比观测，发现背风河谷及北坡降水比迎风坡要少得多。1973 年 7 月 14 日～8 月 5 日，背风坡的古玉乡降水量仅为迎风坡降水量的 29%，说明山地气候的复杂性，气象条件在短距离内具有很大的变化，进而影响到冰川分布和发育。根据降水梯度，估算出阿扎冰川雪线附近的降水量可能达到 2500 mm。

通过对比 1933 年（英国植物学家 F.K. Ward 拍摄）、1973 年（张祥松拍摄）、1976 年和 1980 年（张文敬拍摄）四次在同一位置拍摄的阿扎冰川照片，发现该处冰量明显减少（图 1.3）。通过 1973～1976 年对阿扎冰川末端的实地观测，发现冰舌末端共退缩了 195 m，平均每年退缩 65 m。通过与当地老人的交谈，证明 20 世纪 30～70 年代阿扎冰川已经处于退缩状态，大致判断出近 50 年来冰川共退缩了 700 m。通过

图 1.3　阿扎冰川冰舌拐弯处 1933 年（a）、1973 年（b）、1976 年（c）和
1980 年（d）相同位置照片对比（李吉均等，1986）

1973 年访问居民得知，该地区最大的雅弄（来古）冰川在 1940 年以前的冰川表面高度与岸边一样，人畜可以顺利通过，目前冰川已大大下降，据此推测雅弄冰川在贡马曲附近（冰舌末端以上约 3 km 处）已经下降了 60 m（李吉均等，1986）。

1973 年 7 月 19 日～8 月 5 日，科考队在阿扎冰川表面的两个横剖面（3360 m 和 3482 m 处）开展短期测量，发现冰川运动速度非常快。其中，日平均运动速度 A 剖面为 0.85 m，B 剖面为 1.38 m，以此估算冰川的年运动速度介于 270～438 m/a（图 1.4），冰川整体以块状的底部滑动为主。此外，对该处测杆的重复测量获得了 A、B 两剖面在观测期内的消融速率，发现在靠近冰川边沿厚达 20 cm 的表碛覆盖处，表碛对于热量的阻隔减弱了冰川表面的消融，日均消融速率介于 3.0～3.9 cm；而最大的消融速率出现在剖面的中部，日均消融速率 A 剖面为 5.6 cm，B 剖面为 5.0 cm。

第一次青藏科考过程中，藏东南海洋型冰川 – 水文综合研究主要集中在波密县城附近的珠西沟冰川（29.9954°N，95.4930°E，14.9 km²，中国冰川编目 5O282A0032）。珠西沟冰川是一条雪崩补给的海洋型山谷冰川，长 9.8 km，其中冰舌区长 1 km。1976 年 6～9 月，青藏科考队在珠西沟冰川开展冰川水文过程观测，冰川水文站架设在冰川下约 6 km 处的公路桥旁边，海拔 2760 m，控制面积 72.8 km²，流域内的现代冰川覆盖率为 27.9%。同时在冰川中部侧碛区架设了气象站来开展冰川气象等观测（图 1.5）。

第一次青藏科考基于冰川水文气象观测资料，明确了我国典型海洋型冰川的径流过程特征并进行了初步的径流分割（图 1.6）。基于消融期内的观测结果，发现降水径

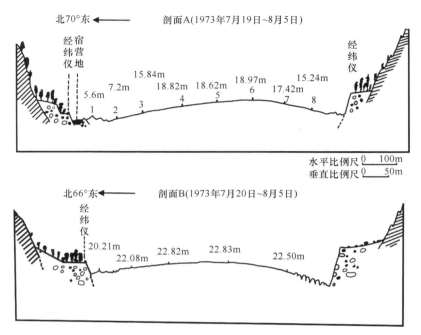

图 1.4　1973 年观测阿扎冰川 A 和 B 两剖面处运动速度分布（李吉均等，1986）

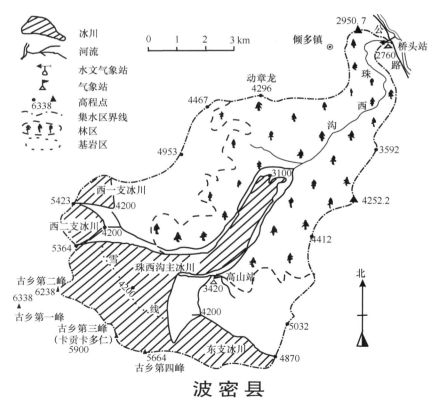

图 1.5　第一次青藏科考中珠西沟冰川气象和径流观测体系示意图（李吉均等，1986）

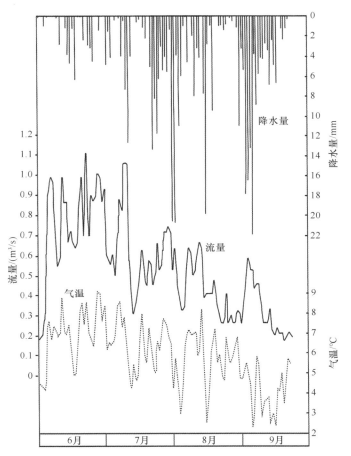

图 1.6　1976 年藏东南珠西沟冰川的径流曲线及气温降水记录（李吉均等，1986）

流过程要比融水径流过程的变化更为强烈。从 6 月下旬到 7 月中旬，高山站旬降水量均超过 65 mm，混合径流同降水之间的逐日相关关系比较密切；而 7 月下旬到 8 月中旬，高山站旬降水量均在 65 mm 以下，混合径流同气温之间也存在着一定的关系。珠西沟冰川产水量非常丰富，年平均流量为 1.99 m³/s，年径流总量为 0.63 亿 m³。通过径流分割，发现降水和冰川融水对径流的贡献分别为 61.7% 和 38.7%。表碛覆盖型的珠西沟冰川的径流日内变化相比于气温日内变化存在很大的滞后性，日流量峰值和谷点出现的时间都较最高和最低气温滞后 5h 左右，径流的最小值出现在上午 11 时左右，最大值出现在傍晚 8 时左右。

　　此外，科考队还在珠西沟冰川中部布设了测杆来测量冰川的运动速度（图 1.7）。结果发现，冰川中部两根测杆在 6 月 21 日～7 月 6 日的半个月中，日平均运动速度分别为 13 cm/d 和 17 cm/d，7 月 6～21 日分别增加为 31 cm/d 和 26 cm/d，但此后到 8 月 19 日日平均速度只有 3.8 cm/d 及 7.6 cm/d，据此估算出年均运动速度约 49 m/a。通过与当时的降水数据进行对比，认为降雨径流渗入冰川底部促进冰川滑动，液态降水对于提高冰川运动速度有很大的影响。

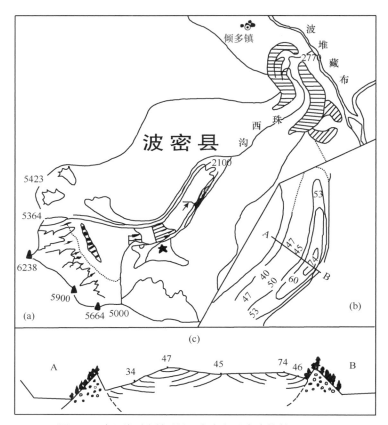

图 1.7　珠西沟冰川年均运动速度（李吉均等，1986）

（a）运动速度平面图；（b）运动速度等值线图；（c）年均运动速度剖面图

　　1982～1984 年的三年间，中国科学院组织了南迦巴瓦峰登山科学考察（中国科学院登山科学考察队，1993）。张文敬等于 1982～1984 年对南迦巴瓦峰西坡的冰川进行初步考察，分析了该地区冰川发育的自然地理条件，获得了冰川数量及分布规律、冰川积累消融特征等。他们在则隆弄冰川海拔 3550 m 处开展了不同厚度表碛下的消融强度观测，发现 1982 年 9 月 3～6 日，平均气温为 12.9℃，在表碛覆盖厚度为 27 cm 时，冰川消融量仅为 2.3 cm 水当量，而近裸露冰面的消融量却达到 23.2 cm 水当量（张文敬，1993）。

　　根据野外地貌证据，1973 年则隆弄冰川的冰舌末端在则隆弄沟口；而 1982 年现代冰舌海拔为 2980 m，末端升高了 180 m。在 1982 年 8 月～1983 年 7 月的定位观测期间，该冰川末端退缩了 16 m。同时，通过与当地人交谈，发现则隆弄冰川曾于 1950 年藏历七月初二傍晚和 18 年之后的 1968 年藏历七月发生过"冰川跃动"（张文敬，1983）。冰川第一次跃动时，冰川末端在几小时之内，从海拔 3500 m 高度降至 2800 m 处的雅鲁藏布江河谷，水平位移量达 3.5 km，跃动冰体在河谷中形成一道高 100 m 的冰坝，使得雅鲁藏布江河水断流一个整夜，并导致直白曲登村 97 人遇难。冰川第二次跃动也在河谷中形成高 100 多米的冰坝，江水也被截断，直到第二天早上才被冲开。同时，张文敬（1983）在考察中认为，冰川上游段（海拔 3900 m 以上）有冰流壅高超覆现象，并认为这是冰川跃动前出现的征候。

藏东南小冰期以来的冰川地貌在则隆弄冰川、则普冰川以及若果冰川等谷地已有一些研究成果。则隆弄冰川末端以外 300 m 的范围内分布着两列终碛垄，垄高 5 ~ 10 m，冰碛多由棱角状漂砾、岩屑和黏土组成，终碛垄末端在海拔 2950 m，超覆在前面新冰期的冰碛垄上。冰碛中朽木的 ^{14}C 测年显示，冰川在 394 ~ 287 a B.P. 的小冰期发生前进，当时冰川长度达到 10.55 km（王志超等，1993）。

则普冰川是念青唐古拉山东段南坡雅鲁藏布江源头的一条山谷冰川，冰川分布在海拔 6350 ~ 3420 m，冰川平衡线高度为 4683 m，长度为 19 km，其下部约 7 km 的范围内被厚层的表碛覆盖（李吉均等，1986）。小冰期的冰碛以终碛垄和侧碛垄的形式分布在现代冰川末端 2 km 的范围内。从这些冰碛物中采集了 2 个埋藏炭屑样品和 2 个覆盖冰碛物的腐殖质土壤样品，^{14}C 测年结果显示，炭屑的年代分别为公元 950 年和 1050 年，腐殖质土壤的年代分别为 190 a B.P. 和 580 a B.P.（Iwata and Jiao，1993）。Iwata 和 Jiao（1993）也提供了另外 3 个 ^{14}C 测年样品结果，一个为腐殖质土壤年龄 197 a B.P.，2 个埋藏炭屑样品年龄分别为 720 a B.P. 和 1100 a B.P.。这些年代数据都是相对于 1950 年来标定的。以上的测年结果显示，则普冰川小冰期冰进在最近 1 ka 的早期已经发生，并且在 19 世纪结束。

若果冰川是念青唐古拉山东段乐曲藏布流域内的一条山谷冰川，现代冰川平衡线高度为 4715 m，长度为 13 km，其末端延伸到海拔 3630 m。地衣测年数据显示，该冰川在小冰期最大规模前进的发生在公元 1822 年（李吉均等，1986）。

除对藏东南海洋型冰川研究外，第一次青藏科考队还在 20 世纪 80 年代开展了横断山地区冰川考察，重点区域集中在贡嘎山地区。贡嘎山位于青藏高原东南缘、四川盆地向青藏高原过渡的大雪山中段，是横断山地区的最高峰。贡嘎山地区的冰川研究最早始于 20 世纪 20 ~ 30 年代德国和奥地利地理学家的科考，之后伴随国内登山与科考活动的兴起，对贡嘎山地区冰川及其相关领域的研究逐渐由野外半定位向定位监测转变。1988 年后我国在贡嘎山建立了观测站，对冰川水文、冰川消融与运动、冰川表碛、冰川退缩与植被演替等开展综合性的观测研究。根据 1930 年冰川末端的标记位置，自 20 世纪 30 年代至今，海螺沟冰川已累计退缩 2 km 左右；其中 1966 ~ 2010 年共退缩了 1.15 km，冰川平均年退缩约 25 ~ 30 m。冰川在退缩的同时也在减薄，与 1930 年冰川照片对比可发现，海螺沟冰川消融区减薄明显，其中 2 号冰川目前已和海螺沟冰川分离（图 1.8）（刘巧和张勇，2017）。根据近期测得的冰川高程变化推测，1989 ~ 2008 年，冰川消融区冰舌端的冰川厚度减薄 33.9±11.2 m，相当于 1990 年左右平均厚度（约 130 m）的 26%，厚度减薄约 1/4。1989 ~ 2008 年，海螺沟冰川厚度减薄速率高达 –1.78±0.59 m/a。而且，基于重复测杆观测的运动速度变化表明，冰川运动速度总体呈减小趋势，1981 ~ 2008 年夏季冰川消融区运动速度平均减小了 31%。

2000 年以后，随着对冰川变化的重视及技术手段的进步，越来越多的研究关注区

(a)

(b)

(c)

(d)

图 1.8　海螺沟冰川变化对比（1930 ～ 2013 年）（刘巧和张勇，2017）

1930 年照片 [（a）和（b）]；2013 年照片 [（c）和（d）]。红色虚线标出了对应时期的大致冰面高度

域尺度的冰川变化。基于地形图、DEM、1988 年和 2001 年 Landsat 数据以及 2005 年中巴资源卫星数据，辛晓东等（2009）对藏东南然乌湖流域近 25 年来冰川和湖泊的面积变化进行了研究。Yao 等（2012）分析了青藏高原冰川末端、面积和物质平衡的变化，发现藏东南地区冰川年均亏损量接近 1 m 水当量，变化幅度相比高原内部及帕米尔地区更为显著。基于实测冰川气象资料和能量 – 物质平衡模型，Yang 等（2016）重建了该地区帕隆 94 号冰川过去 30 年的物质平衡变化，发现自 2003 年以来，藏东南海洋型冰川呈现加速亏损的趋势。Kääb 等（2015a）和 Brun 等（2017）分别利用 ICESat 卫星资料，结合 DEM、两期 ASTER DEM 数据进行青藏高原冰量变化的空间分析，同样发现最大冰量损失区域发生在藏东南海洋型冰川区。

随着第二次青藏科考的启动，藏东南冰川快速退缩与冰湖灾害科考分队力图阐明海洋型冰川的基本现状与变化特征、冰川补给与冰缘湖泊的现状及潜在危险，揭示近期海洋型冰川变化的原因，从而为全面认识藏东南水循环和水资源提供重要的理论和数据支撑。整个科考方案如图 1.9 所示。在冰川考察方面，对第一次青藏科考重点研究过的冰川，以现代观测技术为手段（遥感 + 无人机 +GPS），点面结合，开展精细化的监测研究和对比分析，获取近 50 年来藏东南代表性冰川变化的各项综合指标（冰量、运动速度、冰川能量过程、冰川水文、融水化学等），分析近期冰川变化的原因及其导致的冰川灾害风险等。

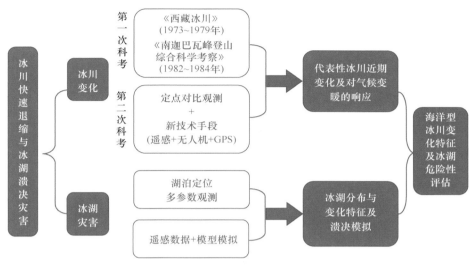

图 1.9　第二次青藏科考藏东南冰川考察总体方案

第 2 章

藏东南海洋型冰川表面
能量－物质平衡特征

冰川发生变化的根本原因是其能量 – 物质平衡被打破。冰川物质平衡是表征冰川积累和消融量值的重要冰川学参数之一，它主要受控于冰川表面的能量收支状况，对气候变化有敏感的响应。冰川的能量 – 物质平衡是引起冰川及其径流发生变化的能量和物质基础，也是连接冰川与气候、冰川与水资源的重要纽带。

2.1 冰川表面能量平衡基本组成

冰川是水分和能量条件的产物，热量是冰川发育的最基本的约束条件之一。冰川表面能量平衡研究的目的是从其物理机制上揭示冰川变化的规律。事实上，冰川的存在改变了气候系统中下垫面的热力学特征，使下垫面与大气间的辐射和湍流交换具有与其他下垫面显著不同的特征，形成了其表面独特的能量平衡过程。

如果不考虑冰川表面水平及对流能量的交换，冰雪表面的能量平衡方程可以表述为

$$S_{in}+ S_{out}+ L_{in}+ L_{out}+ H_{se}+ H_{la}+ G_i+ Q_{melting}=0 \tag{2.1}$$

式中，S_{in} 和 S_{out} 分别为入射短波辐射和反射短波辐射；L_{in} 和 L_{out} 分别为入射长波辐射和出射长波辐射；H_{se} 和 H_{la} 分别为感热交换量和潜热交换量；G_i 为冰雪层内的热传导；$Q_{melting}$ 为用于冰雪融化消耗的能量。上述各能量分量以向冰雪方向为正值，单位为 W/m²。

冰川表面能量 – 物质平衡模型考虑了冰川与周围环境的物质和能量的交换物理过程，需要相对较完备的气象和冰川资料，包括冰川表面气温、相对湿度、风速、降水、四分量辐射、湍流通量、冰温等要素的观测，但是，由于条件限制，我国冰川能量 – 物质平衡研究开展较晚。20 世纪 60 ～ 80 年代，中国开展零星的早期冰川表面能量平衡观测，主要集中在帕米尔高原慕士塔格山的切尔干布拉克冰川、喜马拉雅山的绒布冰川、祁连山水管河 4 号冰川和羊龙河 1 号冰川、天山乌鲁木齐河源 1 号冰川和西琼兰台冰川等，以 1 ～ 2 个月的短期观测为主（施雅风，2000）。20 世纪 80 年代至 1993 年，中日合作在乌鲁木齐河源 1 号冰川合作开展了辐射和热量平衡观测研究；1987 年 6 ～ 8 月，中国与瑞士在乌鲁木齐河源 1 号冰川东支海拔 3903 m 进行了热量平衡观测研究（施雅风，2000）。1989 ～ 1993 年，中日在唐古拉山的冬克玛底冰川进行了热量平衡的长期观测（张寅生等，1996）。海洋型冰川区的能量平衡观测与研究更加稀少，仅在 20 世纪 60 年代对念青唐古拉山的古乡 3 号冰川有过短时间的观测，但当时的数据和计算过程都无法从文献中寻找到相应的详细信息。

2000 年以后，我国冰川学家加强了对不同气候区典型冰川的能量平衡观测，先后在扎当冰川、老虎沟 12 号冰川、七一冰川、科契卡尔巴西冰川、帕隆 4 号冰川等开展详细的过程观测，从而进一步明晰了中国不同类型冰川表面能量平衡组成结构及差异（表 2.1）。其中，2009 年中国科学院青藏高原研究所建立了中国第一套冰面涡动相关湍流观测和能量平衡观测系统，在藏东南帕隆 4 号冰川开展标准化的能量平衡和消融过程的综合观测（图 2.1）。之后又陆续在表碛覆盖的波密 24K 冰川表面开展了能量平衡和微气象的观测与模型模拟研究。Ding 等（2017）利用帕隆 4 号冰川表面观测资料，开发了一个基于焓的冰川物质与能量平衡模型（water and enthalpy budget-based glacier

表 2.1　青藏高原不同类型冰川消融季的能量特征

冰川类型	冰川名称	纬度/(°N)	经度/(°E)	海拔/m	测量时期	净辐射/(W/m²)	感热/(W/m²)	潜热/(W/m²)	冰雪层热通量/(W/m²)	融化能量/(W/m²)	参考文献
海洋型	帕隆 4 号	29.2	96.8	4800	2009 年 5～9 月	149	28	−1	−1	175	(Yang et al., 2011)
	古乡 3 号	29.9	95.4	4400	1965 年 7～8 月	148.1	62.5	18.5	-	229.2	（王中隆等，1982）
亚大陆型	扎当	30.4	90.6	5655	2011 年 5～9 月	27	8	−10	−2	24	(Zhang et al., 2013)
	老虎沟 12 号	39.4	96.4	5040	2006 年 6～9 月	27.3	10.3	−11.9	−7.6	18.2	(Sun et al., 2012)
	七一	39.5	97.7	4473	2007 年 7～10 月	63.3	14.2	−6.1	−15.5	55.8	（蒋熹等，2010）
	科契卡尔巴西	41.8	80.05	4200	2005 年 6～9 月	63.3	14.4	−23	-	54	（李晶等，2007）
	乌鲁木齐河源 1 号	43.1	86.8	3910	1990 年 6～8 月	73	13	−5	-	81	（康尔泗和 Ohmura，1994）
大陆型	冬克玛底	33	92	5600	1989 年 9 月～1992 年 9 月	44	44	−64.3	−1.2	21.4	（张寅生等，1996）
	崇测冰帽	35.2	81.01	5850	1987 年 7～8 月	35.9	17.4	−39.4	-	13.9	(Takahashi et al., 1989)

注：冰川分类按照（施雅风，2000）。

图 2.1 帕隆 4 号冰川表面能量平衡观测系统的野外照片

mass balance model，WEB-GM）。该模型使用焓作为模型基本变量，相较以温度为变量的传统能量平衡模型而言，可以简化能量平衡计算，并提高模拟精度。同时，该模型中引进了新的降水类型识别方案、考虑雨夹雪和薄雪的反照率参数化方案以及冰面湍流参数化方案。模型应用于帕隆藏布 4 号冰川的模拟结果表明：该模型可以较好地模拟出冰川物质平衡、表面反照率、表面温度、感热通量和潜热通量等，比传统的冰川物质与能量平衡模型具有明显优势。

2.2 冰川表面湍流特征与参数化

冰川作为一种特殊的下垫面，冰面通常存在以弱湍流为基本特征的稳定大气边界层，冰气界面上的湍流感热和潜热通量交换与冰层能量收支密切相关，影响冰川的消融状况。然而，由于我国缺乏对冰气界面湍流通量的直接观测，目前对冰面蒸发 / 升华量的估算难以给出准确的数值。因此，需要开展冰川下垫面上湍流输送过程的观测研究，并就其物理过程发展相应的参数化方案。

从 2006 年开始，中国科学院青藏高原研究所冰川研究团队在藏东南然乌湖流域的帕隆 4 号冰川（29°13′N，96°55′E，中国冰川编目 5O282B0004）开展了详细的、连续的气象 – 冰川 – 径流系统观测（图 2.2 和表 2.2），包括冰川微气象观测实验（Guo et al.，2011；Yang et al.，2011）。帕隆 4 号冰川位于岗日嘎布山脉北侧的然乌湖流域，是一条非表碛覆盖型山谷冰川（冰川表面较为洁净），冰川面积 11.7 km²，长度约 8 km，冰川作用正差达到 1300 m。海拔 4650 ～ 4950 m 处的冰舌前端较为平缓；而海拔 4900 ～ 5100 m 坡度较陡，为一大片冰体破碎带，发育有大量宽大的冰裂隙；海拔 5200 m 以上为一广阔平台，冰面较为平坦，亦发育大量冰裂隙，整个冰川补给区相当宽阔。冰舌消融使得其表面形成了许多冰面河道，同时冰下河道亦相当发育，冰川表面融水经由冰下河道排泄出冰川。

2.2.1 湍流通量的修正和数据质量控制

帕隆 4 号冰川位于地形复杂的山地，为了确保观测数据的可靠性，需要进行严格的数据质量控制。对于大气湍流观测数据，首先进行通量物理修正，而后依据温度、湿度的梯度观测数据以及经过质量控制的湍流热通量，分别计算出波文比，并将二者计算得出的粗糙度做对比（图 2.3）。

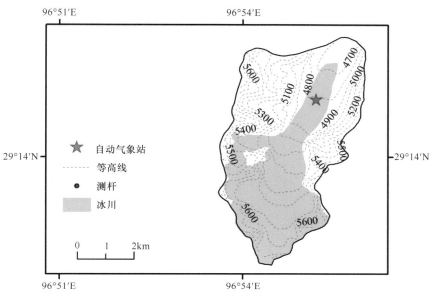

图 2.2　藏东南帕隆 4 号冰川表面能量平衡观测系统位置

表 2.2　帕隆 4 号冰川表面能量平衡观测系统仪器型号及参数

仪器型号	参数	架设高度 /m	精度	测量范围
Vaisala HMP 45C 温湿度仪	T_{air}	2.3	±0.2℃	$-40 \sim 60℃$
	RH		±2%	
Kipp & Zonen CNR1 净辐射仪	S_{in}, S_{out}	2.1	10%	$-40 \sim 70℃$
	L_{in}, L_{out}		10%	
Model 109 冰温探头	T_{ice}	-2，-6，-10	<0.6℃	$-50 \sim 70℃$
CSAT3 3D 超声仪	u', v'	1.7	1 mm/s	$0 \sim 65$ m/s
	w'		0.5 mm/s	
	T'		2×10^{-3} ℃	$-30 \sim 50℃$
Li-7500 开路 CO_2/H_2O 分析仪	H_2O/CO_2	1.7	<1%	$-25 \sim 50℃$

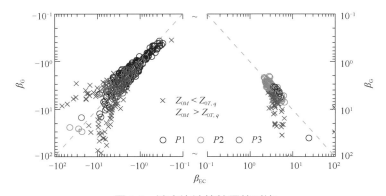

图 2.3　波文比计算结果的对比

β_G：依据梯度观测数据；β_{EC}：依据湍流通量数据；Z_{0M} 和 $Z_{0T,q}$ 分别代表地表动力学粗糙度和标量粗糙度，单位 mm

图 2.3 中，Z_{0M} 和 $Z_{0T,q}$ 分别代表地表动力学粗糙度和标量粗糙度，下标 T 和 q 分别代表温度和湿度（粗糙度的计算依据是近地面层的相似性理论）；$P1$、$P2$ 和 $P3$ 依次对应观测期间的三个时段（划分方法见后续介绍）。从图 2.3 可见，当满足关系 $Z_{0M}>Z_{0T,q}$ 时，由两类数据计算得到的波文比总体上具有较好的一致性；而当 $Z_{0M}<Z_{0T,q}$ 时，数据点十分离散，波文比的一致性较差。实际上，前一种关系（$Z_{0M}>Z_{0T,q}$）满足理论期待，相关数据可进一步用于随后的分析研究。$Z_{0M}<Z_{0T,q}$ 的原因之一是较小的水汽压梯度，使得粗糙度 $Z_{0T,q}$ 的推算结果具有很大的误差。

2.2.2　冰川下垫面上的湍流输送及地表粗糙状况的演化特征

以往研究表明，山地冰川上的大气边界层具有独特的特征（van den Broeke，1997；Smeets and van den Broeke，2008），这在帕隆 4 号冰川观测数据中可以得到印证。例如，观察到冰川上存在相当持续的冰川风（下坡风），风向稳定，少有系统性的变化；同时，湍流感热通量的输送方向始终是从大气指向冰雪表面，指示冰川上方稳定边界层的持续存在。图 2.4 给出地表短波辐射反照率、地表温度、湍流感热通量和潜热通量的时间序列，用于展示消融期间冰川表面的微气象学特征。

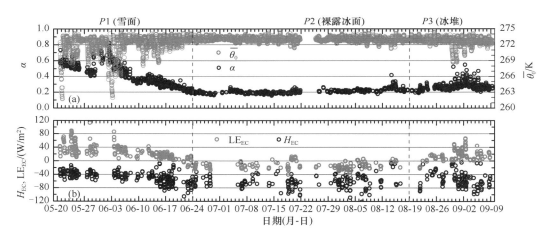

图 2.4　2009 年帕隆 4 号冰川表面能量参数记录

(a) 地表短波辐射反照率（α）和冰川表面温度（$\overline{\theta_0}$）的时间序列；(b) 湍流感热通量（H_{EC}）和潜热通量（LE_{EC}）的时间序列；时间分辨率均为 30min

在图 2.4 中，各变量具有十分显著的时间变化，具体表现为：地表反照率在融雪期间持续降低，而在裸露的冰面，其数值固定在 0.2 左右；与此同时，雪面温度的日变化幅度大于冰面，而后者通常在冰的融点上下浮动，变化范围较窄。湍流感热通量始终为负值（即指示稳定边界层的发展），其数值在冰面比在雪面上方更大些。从潜热通量来看，雪面存在明显的升华现象，之后转变为向裸露冰面的凝结，而在观测末期再次转变为冰的升华。依据这些冰川气象学基本特征，把整个消融期划分为三个阶段，在上图中依次记为 $P1$、$P2$ 和 $P3$，冰面形态分别对应雪面（snow）、裸露冰面（bare ice）

和冰堆（ice hommock）。为查明下垫面的粗糙属性随地表形态的变化情况，图 2.5 给出地表动力学粗糙度（Z_{0M}）的时间序列。

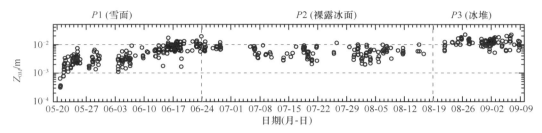

图 2.5　2009 年帕隆 4 号冰川地表动力学粗糙度（Z_{0M}）的时间序列

时间分辨率为 30min

　　如图 2.5 所示，地表动力学粗糙度在融雪过程中呈上升趋势，实则反映出非均匀融雪过程造成的地表（冰面）动力学粗糙属性的改变；相比之下，裸露冰面的地表动力学粗糙度较小，大体维持在 $10^{-3} \sim 10^{-2}$ m。而在冰川消融的后期，地表动力学粗糙度明显增大，通常超过 10^{-2} m，间接体现为冰面的非均匀消融造成的明显的起伏。这些观测结果表明，在发展、评估或应用相关参数化方案时，将季节性消融冰川的地表动力学粗糙度取值为一个常数是不合适的，这种做法将造成潜在的计算误差。

2.2.3　标量粗糙度的参数化方案评估

　　冰川消融所需的能量主要有两个来源：辐射收支和湍流热通量，后者分为感热和潜热两方面的贡献。当前，在冰川的能量收支和物质平衡研究中，整体空气动力学方法是获取湍流热通量的常用手段之一。为获得较为可靠的热通量估算，需要地表标量粗糙度（"标量"在这里指代温度和湿度）这个关键的物理参数。在以冰雪环境为对象的相关研究中，国际冰川和气象学界普遍采用的是 Andreas（1987）提出的参数化方案。最近，Smeets 和 van den Broeke（2008）在 Andreas 方案的基础上略做调整，修改了原方案的系数，以便在一定程度上缓解对热通量低估的问题。另外，在针对干旱区（裸土）的研究中，Yang 等（2002）提出的参数化方案表现出较好的效果。为此，我们分别评估了以上三种方案在帕隆 4 号冰川冰雪下垫面上的表现。

　　应用上述三种标量粗糙度参数化方案，结合基本气象要素和地表动力学粗糙度的估算值，利用整体空气动力学方法，分别获得感热通量和潜热通量的估计值，并将通量估算值与感热通量（图 2.6）和潜热通量（图 2.7）的观测结果进行对比验证（误差统计量的计算结果从略）。从图 2.6 可见，Andreas 方案给出的通量估计结果明显偏低，说明此方案对标量粗糙度有所低估，热通量的相对偏差在 20% 左右。与此相对，Smeets 方案给出的通量估计偏高，原因是对标量粗糙度的高估，热通量的相对误差大致为 20%。Yang 方案给出的通量估计整体上误差最小，在潜热通量的对比验证中表现出尤为明显的优势。从这些对比中可以发现，采用不同的标量粗糙度参数化方案会对

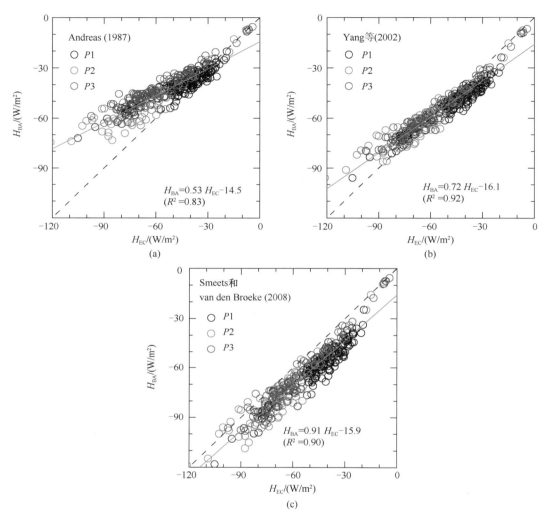

图 2.6　2009 年帕隆 4 号冰川表面整体空气动力学方法的感热通量估计（H_{BA}）与
观测结果（H_{EC}）的比较

（a）～（c）分别为 Andreas、Yang 等和 Smeets 和 van den Broeke 方案；各子图采用不同的标量粗糙度参数化方案

湍流感热、潜热通量的计算结果造成很大的误差，相对误差甚至接近 40%。采用 Yang
方案可在一定程度上减少误差。鉴于此方案在感热通量的对比验证中显示出的系统性
偏差，Yang 方案仍有待进一步的改进。

2.3　不同类型海洋型冰川能量平衡特征

2.3.1　帕隆 4 号冰川表面能量平衡特征

藏东南地区的海洋型冰川根据其表面状况可分为非表碛覆盖型冰川和表碛覆盖

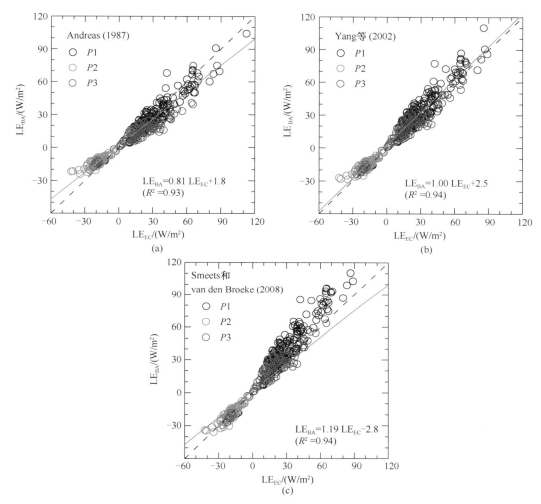

图 2.7　2009 年帕隆 4 号冰川表面整体空气动力学方法的潜热通量估计（LE$_{BA}$）与
观测结果（LE$_{EC}$）的比较

（a）～（c）分别为 Andreas、Yang 等和 Smeets 和 van den Broeke 方案；各子图采用不同的标量粗糙度参数化方案

型冰川，二者具有不同的表面能量平衡特征。这里选取帕隆 4 号（非表碛覆盖型）和 24K（表碛覆盖型）冰川作为这两种类型冰川的代表。

　　基于帕隆 4 号冰川表面的能量平衡观测数据，可以对该冰川消融能量平衡特征进行定量的分析。其中，四分量辐射利用气象站处的 KippZonen 辐射计获取（每周进行一次气象站维护，以保持辐射计和冰面的水平）。根据莫宁 – 奥布霍夫（Monin-Obukhov）相似理论，感热 H_{se} 和潜热 H_{la} 可以通过下面公式进行计算：

$$H_{se} = \rho c_p u^* T^*, \quad H_{la} = \rho \lambda_s u^* q^* \tag{2.2}$$

式中，ρ 为空气密度；c_p 为空气比热容 [1005.0 J/(kg·K)]；λ_s 为潜热系数（升华 2.834× 10^6 J/kg 和蒸发 2.514×10^6 J/kg）；u^* 为摩擦速度；T^* 和 q^* 分别为气温和比湿的标量值，其可以采用式（2.3）～式（2.5）进行计算：

$$u^* \cong \frac{\kappa\left[u\left(Z_M\right)-u\left(Z_{0M}\right)\right]}{\ln\left(\dfrac{Z_M}{Z_{0M}}\right)-\Psi_M\left(\dfrac{Z_M}{L}\right)} \tag{2.3}$$

$$T^* \cong \frac{\kappa\left[T\left(Z_T\right)-T\left(Z_{0T}\right)\right]}{\ln\left(\dfrac{Z_T}{Z_{0T}}\right)-\Psi_T\left(\dfrac{Z_T}{L}\right)} \tag{2.4}$$

$$q^* \cong \frac{\kappa\left[q\left(Z_q\right)-q\left(Z_{0q}\right)\right]}{\ln\left(\dfrac{Z_q}{Z_{0q}}\right)-\Psi_q\left(\dfrac{Z_q}{L}\right)} \tag{2.5}$$

式中，κ 为卡曼常数（0.4）；L 为奥布霍夫（Obukhov）常数；Ψ_M、Ψ_T 和 Ψ_q 分别为风速、温度和湿度的稳定纠正系数，其中 Ψ_M 和 Ψ_T 采用（Holtslag and de Bruin，1988）关于稳定边界层的定义，假设 $\Psi_q=\Psi_T$。Z_{0M}、Z_{0T}、Z_{0q} 和 Z_M、Z_T、Z_q 代表不同高度处的地表粗糙度参数。表面温度 $T(Z_{0T})$ 通过出射长波辐射进行计算。在整个消融季期间，通过上一节涡动相关仪器测量结果，显示动力学粗糙度（Z_{0M}）的变化幅度介于 $10^{-4} \sim 10^{-2}$ m（Guo et al.，2011）。在进行整个消融期的湍流计算过程中，假定雪和冰表面的动力学粗糙度平均值分别为 0.3 mm 和 0.8 mm。此外，动力学粗糙度通过 Yang 等（2002）给出的方法进行估算。

冰雪层内的热传导通过一维两层热传导方程进行计算（Oke，1987）：

$$G = \rho C_s K_s \frac{\partial T}{\partial Z} \tag{2.6}$$

式中，ρ 为冰的密度（900 kg/m³）；C_s 为冰的比热容 [2.09×10³ J/(kg·K)]；K_s 为冰内热扩散系数（1.15×10⁻⁶ m²/s）（Paterson，1994）。利用由帕隆 4 号冰面自动气象站处不同层位的冰温度探头，可以计算得到冰内温度的梯度变化。

由于帕隆 4 号冰川为一条典型的山谷冰川，消融期内冷空气在重力的作用下持续向冰川末端运动，从而持续发育冰川风。自动气象站架设处（图 2.2）的风向数据也显示主风向与山谷内冰川主流线朝向一致，大约为 220°。风速数据显示，冰川表面风速很少超过 10 m/s，日均风速介于 1.5 ～ 6.7 m/s，消融期内平均风速为 3.2 m/s。冰川表面风速在 6 月之前较大，之后冰川风风速保持相对较低值。

由图 2.8 可知，除 6 月 3 日外，整个消融期内的冰川近地表气温均高于 0℃，在 6 月底之前冰川近地表气温相对较低，整个消融期内的平均气温为 3.7℃。整个观测试验期间，冰川表面相对湿度的变化与气温相一致，冰川近地表相对湿度较高，日均值很少低于 60%，消融期内平均值达到了 78%，特别是在季风强盛期（7 ～ 8 月）相对更高。

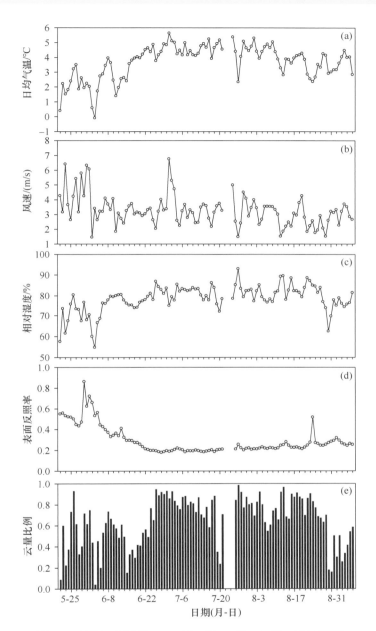

图 2.8　帕隆 4 号冰川 2009 年 5 月 21 日～ 9 月 8 日的表面
日均气温（a）、风速（b）、相对湿度（c）、表面反照率（d）和云量比例（e）

　　此外，冰川表面反照率的变化也反映了冰川表面性质的演变过程。在 6 月 24 日之前，帕隆 4 号冰川表面为季节性表雪所覆盖，反照率相对较高；之后冰川表面为裸露的冰川冰，除个别时间段降雪的影响导致表面反照率的短期升高外，冰面反照率基本保持在 0.2 左右。这也表明夏季冰川表面的降水主要以液态降水的形式降落，对气象站所在位置裸冰的反照率没有造成明显的影响。

　　帕隆 4 号冰川受到南亚季风的强烈影响，在季风暴发之后冰川区的云量相当丰富。基于气温和长波辐射的观测数据，利用 van den Broeke 等（2006）和 Munneke 等（2011）的方法对云量的进行了估算。结果显示，整个观测期内，云量比例高达 0.7 以上，且呈现明显的阶段性分布，季风强盛的 7 ～ 8 月云量比例较高，而在 7 月初之前及 8 月底之后云量比例较小。

　　图 2.9 也显示帕隆 4 号冰川整个消融期内的表面消融能量（SEB）、净短波辐射（S_{net}）、净长波辐射（L_{net}）、湍流感热和潜热（H_{se} 和 H_{la}）、冰雪层内热传导（G_i）的波动情况。从图 2.9 中可以看到，净短波辐射控制着整个冰川表面的消融能量变化。一般情况下，净长波辐射 L_{net} 值为负值，表明它是一个能量消耗分量，其波动特征可以分为三个阶段（$P1 \sim P3$），即相对较大的负值发生在 6 月末之前和 8 月底之后（$P1$ 和 $P3$），而在此期间（$P2$），净长波辐射值相对较大。由于冰川表面 2 m 空气温度高于冰面温度

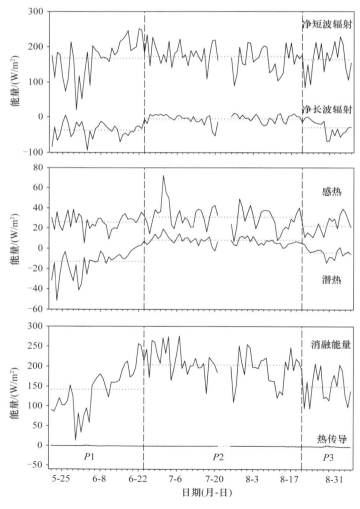

图 2.9　2009 年帕隆 4 号冰川消融期内的能量平衡组成变化

（当冰川表面消融时为 0℃），感热通量 H_{se} 持续不断地从空气向冰川表面输送热量。而潜热通量 H_{la} 则与净长波辐射变化相一致，在 6 月底和 8 月底前后发生明显的阶段性的变化，即从负值变化正值，之后再转为负值。这一现象表明在季风盛行的 6～8 月，冰川表面水汽凝结释放热量，从而贡献给冰川表面部分的消融热量；而在季风前期和后期，潜热以升华 / 蒸发的形式消耗热量。相对于其他分量而言，冰雪层内的热传导量非常之小，在消融期内可以忽略不计。

在整个消融期内，冰川表面的消融能量约为 175 W/m²，最大值出现在 7 月 1 日（271 W/m²），伴随着较强的冰面风速（6.7 m/s）和较高的冰川近地表大气温度（达到 5.6℃），冰川表面的湍流通量达到了 91 W/m²。整体而言，冰川表面消融能量的贡献量（比例）约为：S_{net}，170 W/m²（98%）；L_{net}，–20 W/m²（–12%）；H_{se}，28 W/m²（16%）；H_{la}，–1 W/m²（–1%）；G_i，–1 W/m²（–1%）。

通过对气象条件及冰川表面能量平衡组成成分进行分析，6 月和 8 月底这两者都发生了明显的转变，说明随着季风的推进与强度的变化，冰川表面能量物质平衡过程存在明显的差异（表 2.3）。因此，把 2009 年观测期划分为三个阶段，分别命名为季风爆发的初始期（$P1$）、成熟期（$P2$）、消退期（$P3$），对各个时期能量组成与季风推进进行了分析，结果显示，地表（冰面）反照率及云量的改变在印度季风来临之前控制着冰川表面的能量平衡；随着印度季风的加强，冰川表面裸露冰使得地表反照率保持在 0.2 左右，控制冰川表面消融变化的能量主要来源于长波辐射的变化和潜热从升华到凝结的改变。总体而言，帕隆 4 号冰川表面能量平衡的波动与印度季风密切相关。

表 2.3　帕隆 4 号冰川表面随季风演进不同阶段的气象及表面能量平衡值（Yang et al.，2011）

观测指标	$P1$(5.21～6.24)	$P2$(6.25～8.21)	$P3$(8.22～9.8)	全部 (5.21～9.8)
气温 /℃	2.7	4.4	3.4	3.7
云量	0.48	0.78	0.55	0.65
相对温度 /%	73.4	81.7	78.3	78.5
风速 /(m/s)	3.6	3.2	2.6	3.2
反照率	0.42	0.21	0.28	0.29
入射短波 /(W/m²)	289	217	228	242
反射短波 /(W/m²)	120	45	64	73
入射长波 /(W/m²)	275	312	284	295
出射长波 /(W/m²)	313	317	315	315
净短波 /(W/m²)	168	172	164	170
净长波 /(W/m²)	–38	–6	–31	–20
净辐射 /(W/m²)	131	166	133	149
感热 /(W/m²)	26	31	22	28
潜热 /(W/m²)	–13	8	–4	–1
热传导 /(W/m²)	–1	–1	–2	–1
消融能量 /(W/m²)	142	204	149	175

最后，根据验证后的能量－物质平衡模型模拟了整个冰川表面的平均融化能量、净短波辐射、净长波辐射、感热和潜热的空间变化（图 2.10）。模拟结果显示，净短波辐射从低海拔到高海拔减少，主要是反照率的增加造成的；净长波辐射为负值，代表出射长波辐射大于入射长波辐射，抑制了冰川的消融，从低海拔到高海拔净长波辐射的绝对值减少，主要是高海拔冰川表面温度较低的缘故。感热和潜热也表现出了随海拔升高而降低的趋势，主要是气温随海拔升高而降低造成的。同时，冰川的地形会导致冰川局地能量出现不随海拔规律变化的情况（Zhu et al.，2015）。

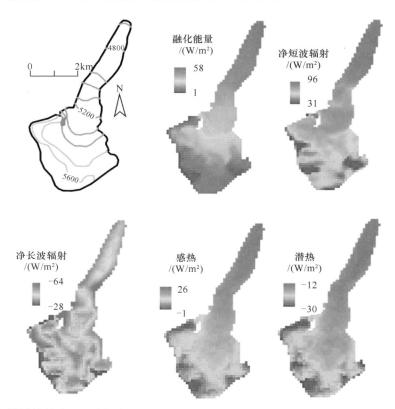

图 2.10　模拟的帕隆 4 号冰川表面 2008 年 8 月 15 日～ 2013 年 9 月 30 日的平均融化能量、净短波辐射、净长波辐射、感热和潜热的空间分布

就具体的平均特征而言，整个观测期间净短波辐射的平均值是 78 W/m²，暖季为 101 W/m²，冷季为 66 W/m²，造成季节差异的主要原因是太阳高度角和反照率的变化。暖季更高的太阳高度角导致了暖季的入射短波辐射比冷季高 35 W/m²，并且暖季强的融化导致了较低的反照率。净长波辐射是 –47 W/m²，其中暖季为 –23 W/m²，冷季为 –60 W/m²。冷、暖季净短波辐射和净长波辐射的差异导致了净辐射的差异：在冷季为 6 W/m²，在暖季为 78 W/m²。感热通量一直为正，代表冰川表面从大气中获得能量，平均值为 16 W/m²；潜热通量一直为负，代表冰川表面通过升华损失物质，平均值为 –18 W/m²，暖季为 –11 W/m²，冷季为 –22 W/m²。地下热通量为 5 W/m²，

渗透能量为 –7 W/m²，融化能量是 27 W/m²。其中，能量收入最大的为入射长波辐射（241 W/m²），其次是入射短波辐射（201 W/m²），再次为感热，最小为地下热通量。能量支出最大项为出射长波辐射（288 W/m²），其次为反射短波辐射（123 W/m²），再次为融化能量，最小为潜热。总之，净辐射是融化能量的主要来源。

　　1 ～ 5 月以及 10 ～ 12 月，冰川几乎没有发生融化（图 2.11），主要是高的反照率导致的低净短波辐射以及低的入射长波辐射导致负的净长波辐射。融化能量主要来自净短波辐射（表 2.4）。反照率通过影响净短波辐射，进而控制了融化能量。6 ～ 9 月，反照率的降低导致净短波辐射的增加，以及入射长波辐射的急剧增加，进而导致净辐射的增加，使得冰川发生了融化，以 7 月和 8 月的融化能量最大。入射长波辐射会随着气温和云量的增加而增加。入射短波辐射受云量或大气透射率因子的影响，具有较大的变化，特别是暖季，最大变化范围可以达到 19 W/m²。入射长波辐射、出射长波辐射、感热、潜热、冰面热传导和冰面穿透能量等的年际变化不明显。

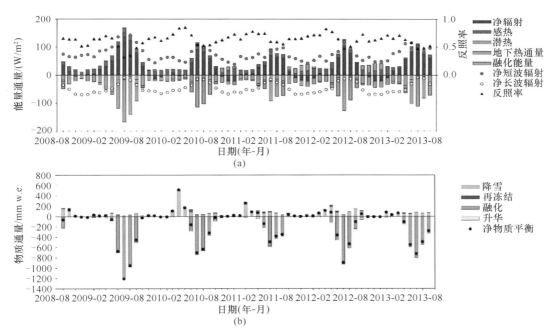

图 2.11　帕隆 4 号冰川表面月均净短波辐射、月均净长波辐射、月均净辐射、感热、潜热、地下热通量（= 冰下传导的热通量 + 渗透的净短波辐射）、融化能量和反照率（a）；帕隆 4 号冰川表面降雪、再冻结、融化、升华以及净物质平衡（b）

表 2.4　帕隆 4 号冰川 2008 ～ 2013 年季节平均能量通量　　　　（单位：W/m²）

时间		S_{in}	albedo	S_{out}	S_{net}	L_{in}	L_{out}	L_{net}	R_{net}	Q_H	Q_E	OPS	G	Q_M
	平均	201	0.61	123	78	241	288	–47	31	16	–18	–7	5	27
平均	暖季	211	0.52	110	101	291	314	–23	78	16	–11	–10	1	74
	冷季	195	0.66	129	66	215	275	–60	6	16	–22	–5	8	3

续表

时间		S_{in}	albedo	S_{out}	S_{net}	L_{in}	L_{out}	L_{net}	R_{net}	Q_H	Q_E	OPS	G	Q_M
	平均	208	0.54	112	96	239	288	−49	47	17	−21	−9	2	36
2008/09	暖季	227	0.4	91	136	290	314	−24	112	20	−9	−15	0	108
	冷季	199	0.6	119	80	213	275	−62	18	16	−27	−6	3	4
	平均	206	0.64	132	74	241	287	−46	28	17	−16	−6	2	25
2009/10	暖季	220	0.56	123	97	289	314	−25	72	17	−14	−9	1	67
	冷季	199	0.68	135	64	217	274	−57	7	17	−16	−5	2	5
	平均	196	0.65	127	69	242	289	−47	22	14	−17	−6	5	18
2010/11	暖季	213	0.6	128	85	287	314	−27	58	15	−17	−8	2	50
	冷季	187	0.67	125	62	219	277	−58	4	14	−18	−5	7	2
	平均	196	0.64	125	71	240	287	−47	24	15	−16	−6	9	26
2011/12	暖季	195	0.54	105	90	297	315	−18	72	12	−5	−9	1	71
	冷季	196	0.69	135	61	212	273	−61	0	17	−21	−5	13	4
	平均	196	0.6	118	78	239	287	−48	30	15	−21	−7	10	27
2012/13	暖季	202	0.5	101	101	294	315	−21	80	14	−11	−10	1	74
	冷季	193	0.65	125	68	211	274	−63	5	15	−26	−5	14	3

注：S_{in}，入射短波辐射；albedo，反照率；S_{out}，反射短波辐射；S_{net}，净短波辐射；L_{in}，入射长波辐射；L_{out}，出射长波辐射；L_{net}，净长波辐射；R_{net}，净辐射；Q_H，感热；Q_E，潜热；OPS，冰面穿透能量；G，热传导；Q_M，消融能量。

2.3.2 表碛覆盖型海洋型冰川表面能量平衡特征

藏东南地区不仅发育有像帕隆 4 号冰川一样表面洁净的海洋型冰川，还发育有大量表碛覆盖型冰川。理论上讲，表碛厚度小于某一临界值时，表碛的存在会吸收更多的辐射热量，从而加速下伏冰面的融化；而当表碛厚度超过临界值后，其有效的阻热作用又能极大地抑制冰面的消融，且随着表碛厚度的增加冰面消融强度会急剧减小，因此表碛特殊的下垫面性质会改变冰（雪）– 大气界面的能量平衡。相对于表面洁净的冰川，表碛覆盖型冰川在冰川发育、形态演变、融水径流及未来气候变化响应等诸多方面呈现出自身的特点（Benn et al.，2012）。事实上，两类冰川在水热发育条件、大气 – 冰面能量交换、冰川表面物质补给等诸多方面呈现明显差异。如果利用表面洁净的帕隆 4 号作为参照冰川来代表整个藏东南地区海洋型冰川则必然存在很大的不确定性，从而影响对藏东南冰川变化及其融水径流演变的全面认识。

关于表碛覆盖型冰川消融过程及其气候水文响应，一直是国内外学者研究的热点与难点（Sakai et al.，2000；Scherler et al.，2011；Zhang et al.，2012；Rounce and Mckinney，2014）。由于不同区域冰川表面表碛厚度、性质等的空间分布不均匀以及冰川表面大量冰崖、冰面湖泊的存在，冰川表面消融存在明显的空间分异，从而造成了对表碛在冰川消融及动力过程影响方面的认识还存在很大的争议。例如，Scherler 等（2011）通过卫星遥感手段获得了兴都库什 – 喀喇昆仑 – 喜马拉雅山地区 286 条冰川 2000 ～

2008 年冰川末端进退和运动速度数据，发现表碛覆盖型冰川与非表碛覆盖型冰川存在很大的差异，认为表碛覆盖对于喜马拉雅地区冰川消融和动力过程的作用可能会影响冰川变化格局。而 Sakai 等（2000）则认为冰面湖对于表碛覆盖区冰量损失起到至关重要的作用。Kääb 等（2012）通过 ICESat 与 SRTM 资料对比，认为喜马拉雅冰川表碛覆盖区与非表碛覆盖区的冰量损失没有明显的区别，强调需要对表碛覆盖作用重新认识与评估。这些问题的解决很大程度上依赖对表碛厚度空间分布及消融机制的深度理解，因此近期很多研究尝试利用遥感资料并辅以实测数据进行区域尺度冰川热阻系数或表碛厚度的定量反演工作（Zhang et al.，2012；Immerzeel et al.，2014；Rounce and Mckinney，2014），以及表碛覆盖下冰川消融的模拟研究（韩海东等，2007；Reid et al.，2012；Rowan et al.，2015）。

　　目前对藏东南地区表碛覆盖型的冰川消融过程、能量物质收支及水文气候响应方面的认识仍相当有限。我们选择典型冰川开展观测研究。24K 冰川（29°46′N，95°42′E，面积 2.7 km²；中国冰川编目 5O282B0233）位于岗日嘎布山脉的西部，波密—墨脱公路嘎隆拉隧道北侧，距离波密县城 24 km，故命名为 24K 冰川。该冰川是一条典型的表碛覆盖型海洋型冰川，冰川表面 47% 为表碛所覆盖，冰川末端（3900 m）及冰川两侧表碛较厚，末端表碛厚度接近 1 m。从 2015 年起，我们在藏东南表碛覆盖的 24K 冰川表碛覆盖区 3900 m 处架设一套冰川自动气象站（图 2.12、表 2.5），获取冰川详细的气象、消融能量观测数据（包括四分量辐射、风速风向、温湿度、气压、降水量、冰温／表碛层内温度等）。通过在冰川表面不同高度带布设消融测杆和开展差分 GPS 测量，获得了冰川不同高度、不同表碛厚度条件下的冰川消融量数据；通过在冰川末端架设水位观测系统并进行多次径流－水位观测，获得了冰川末端连续的径流量数据。在表碛厚度对于冰川消融的影响方面，强化开展了 24K 冰川表碛厚度和 2 m 空气温度的观测，

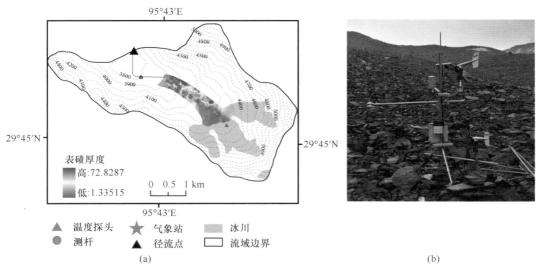

图 2.12　表碛覆盖型 24K 冰川区气象－水文－冰川综合观测体系（a）
和末端架设的能量平衡观测系统照片（b）

表 2.5 表碛覆盖型 24K 冰川 3900 m 处能量平衡观测仪器型号

观测项与单位	探头	距冰面高度	测量精度
空气温度（T_{air}）（℃）	Vaisala HMP155	2 m	±0.17℃
相对湿度（RH）（%）	Vaisala HMP155	2 m	±1% in 0 ～ 90%， ±1.7% in 90% ～ 100%
风速（u）（m/s）	Young 05103-L	1 m，2 m	±0.3 m/s
风向（°）	Young 05103-L	1 m，2 m	±3°
入射短波辐射（S_{in}）（W/m²）	Hukseflux NR01	2 m	1.9% ～ 4.5%
反射短波辐射（S_{out}）（W/m²）	Hukseflux NR01	2 m	1.9% ～ 4.5%
入射长波辐射（L_{in}）（W/m²）	Hukseflux NR01	2 m	1.9% ～ 4.5%
出射长波辐射（L_{out}）（W/m²）	Hukseflux NR01	2 m	1.9% ～ 4.5%
表碛层内温度（T_d）（℃）	Campbell Scientific CS655-L	−5 cm，−10 cm，−20 cm	±0.5℃
降水量（Prec）（mm）	Onset HOBO RG3-M	1.5 m	0.2 mm

通过每 10 ～ 20 m 间隔人工测量表碛厚度，获得了 24K 冰川表碛厚度空间分布情况，通过在冰面架设 10 个气温探头 Tlogger，记录了消融期不同表碛厚度和高度下的气温变化，获得气温随海拔和表碛厚度变化的规律。

以 24K 冰川表面常规气象站数据（气温、相对湿度、风速、入射短波和长波辐射、气压和降水量等）为驱动，利用 DEB 表碛消融模型模拟了表碛表面的和不同深度层位的温度日内变化（Yang et al.，2017）。从图 2.13 中可以清楚地看出，表碛消融模型可以较好地刻画表碛层内的热传导过程，进而较好地模拟表碛覆盖下的冰川消融强度与过程。

研究还发现（图 2.14）：净短波辐射都是帕隆 4 号和 24K 冰川最主要的能量来源，帕隆 4 号冰川表面感热和潜热为冰川表面消融提供能量源，但其贡献比例较小，冰川表面消融随净短波辐射量变化而变化，消融期内海拔 4800 m 处的日均消融能量为 146 W/m²；而表碛覆盖型的 24K 冰川由于表碛温度高于上层 2 m 处空气温度，表面能量收入的 63.8% 用于表碛感热及蒸发消耗，只有 23% 左右的净短波辐射用于表碛层内热传导过程，消融期内海拔 3900 m 处的日均表层热传导能量仅为 64 W/m²。表碛的存在不仅会阻隔热量的传输，而且表碛层温度随辐射等气象要素变化而变化，会引起消融能量组成的差异，从而导致非表碛覆盖型冰川与表碛覆盖型冰川对于气候变化响应方式的不同。

我们在假设入射太阳辐射和表面性质相同的情况下，仅改变自动气象站附近的下伏表碛厚度，利用 DEB 表碛消融模型来检验不同厚度条件下冰川表面消融能量及相关能量分量的改变。从图 2.15 中可以清楚地看出，随着表碛厚度的增加，表面消融能量组成及量级会发生明显的变化。在较薄的表碛覆盖情况下（如 0 ～ 2 cm），表面消融能量可以最高达到 270 W/m²，此时感热和潜热均为冰川表面消融提供重要的热源；随着表碛厚度的增加，消融能量会大幅度减少，相应的表面能量也发生变化，特别是感热变化相当明显，其从为冰川提供热源转变为重要的热量消耗项用于表碛的温度升温，从而改变表碛覆盖型冰川表面的能量平衡。在 0 ～ 10 cm，随着表碛厚度的增加，

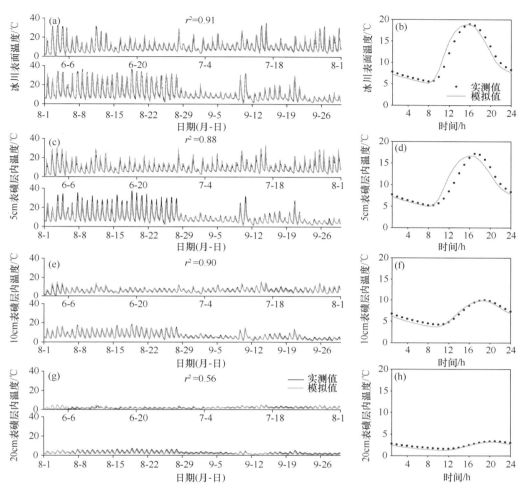

图 2.13　利用表碛覆盖消融模型模拟的小时尺度（右）及日内尺度（左）的冰川表面温度、5 cm 表碛层内温度、10 cm 表碛层内温度、20 cm 表碛层内温度的变化情况（2016 年）

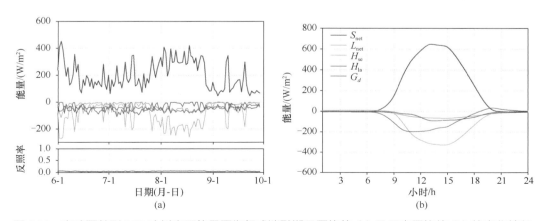

图 2.14　表碛覆盖型 24K 冰川表面能量平衡组成消融期日平均值（a）及日内平均值（b）的变化特征
S_{net}：净短波；L_{net}：净长波；H_{se}：感热；H_{la}：潜热；G_d：冰／表碛表层热量

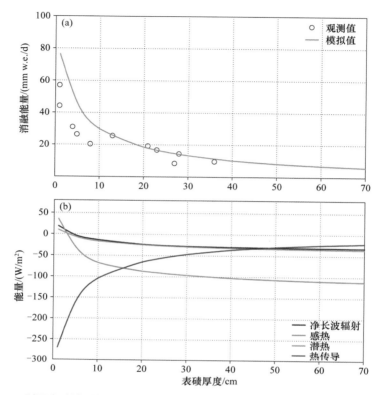

图 2.15　利用表碛消融模型 DEB 理论上分析表碛厚度改变时，冰川表面消融能量
（净长波辐射、感热、潜热和消融能量）的变化过程

消融能量会大幅度的减少；超过 10 cm 之后，消融能量的变化幅度在减弱；而表碛厚度超过 40 cm 之后，消融能量及表面能量平衡随着厚度的增加则变化不明显。因此，在 0 ～ 10 cm，冰川消融能量会受到表碛厚度的显著影响。

　　从 24K 冰碛厚度的空间分布（图 2.12）可以看出，较薄的表碛主要分布在冰川的中上部分，因此冰川消融强度最大的部分主要分布在冰川的中部区域，这与实际观测的消融空间分布相一致。表碛厚度的分布会改变冰川表面的消融空间变化，从而改变冰川物质平衡梯度。

2.4　藏东南海洋型冰川的物质平衡及表碛的影响

2.4.1　冰川物质平衡及其模拟

　　冰川物质平衡是指冰川表面的物质收支状况，其变化可以引起冰川运动特征及冰川热状况的改变，进而导致冰川长度（末端位置）、面积和冰储量的变化。通常而言，冰川表面物质平衡包括收入（积雪、再冻结、风吹雪等）和支出（消融、升华 / 蒸发等）两过程。实地观测到的冰川物质平衡是各个过程的综合结果，但是不能反映表面物质收支各分量演变的过程。因此，基于实测气象和冰川物质平衡资料，可以建立详细描述冰川表面物理过程的能量－物质平衡模型，从而对冰川物质平衡各个分量及其对于气候变化的敏感性等进行分析。

冰川表面的物质平衡表述为

$$b = \int \left(\frac{Q_M}{L_m} + \frac{Q_L}{L_s} + C_{en} + P_{snow} \right) \mathrm{d}t \qquad (2.7)$$

式中，b 为物质平衡（m w.e.，w.e. 即水当量）；Q_M 为冰川消融能量（w/m^2）；Q_L 为潜热通量（w/m^2）；C_{en} 为雪层内再冻结量（m w.e.）；P_{snow} 为降雪积累（m w.e.）；L_m 为冰的融化潜热系数（3.34×10^5 J/kg）；L_s 为升华（2.834×10^5 J/kg）或蒸发（2.514×10^5 J/kg）潜热系数；其中消融能量利用下面公式计算：

$$S_{in}(1-\alpha) + L_{in} + L_{out} + Q_S + Q_L + G = Q_M \qquad (2.8)$$

式中，S_{in} 为入射短波辐射；α 为地表反照率（可利用降雪频率、降雪量及雪老化时间等进行参数化）（Oerlemans and Knap，1998；Mölg et al.，2008）；L_{in} 和 L_{out} 分别为入射与出射长波辐射（利用 AWS 实测气温与相对湿度等进行参数化）；Q_S 和 Q_L 为感热和潜热通量，利用之前发表的参数化方法（Yang et al.，2011；Guo et al.，2011）进行计算；G 为地下热通量，利用两层热传导模型计算。C_{en} 利用模型计算不同层位雪层内温度进行再冻结计算，地表温度通过迭代计算，利用蒙特卡洛方法对模型关键参数率定，最后建立适用于藏东南海洋型冰川的物质平衡模型，并对其不同高度带上测杆处的物质平衡进行了模拟，并同实测值进行对比。

传统的物质平衡观测方法仅能得出年际或冬春季物质平衡结果，不可能对冰川物质平衡过程及其组成（消融、升华／蒸发、再冻结及积雪）进行分解。利用能量－物质平衡模型，对藏东南海洋型冰川物质平衡组成进行了分析（图 2.16）。平均来讲，帕隆 94 号冰川在 2006 ～ 2010 年的物质平衡为 –0.9 m w.e.，其中消融量为 –1.69 m w.e.，升华量相当微弱，为 –0.1 m w.e.，再冻结量为 +0.18 m w.e.，降雪积累量为 +0.72 m w.e.。再冻结量约占消融量的 13%，这一比例小于大陆型冰川（如唐古拉山小冬克玛底冰川为 20%）（Fujita and Ageta，2000），与青藏高原中部扎当冰川再冻结比率相同（Mölg

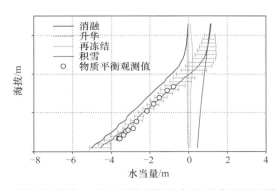

图 2.16　藏东南帕隆 94 号冰川物质平衡各组成分量空间梯度分布

et al.，2012）。整体来讲，海洋型冰川的物质平衡以高积累、高消融为主要特征。

基于冰川物质平衡实测与模型模拟发现，藏东南地区海洋型冰川拥有着独特的物质补给方式，主要的补给期（积雪积累）发生在春季的 3 ~ 5 月，占全年物质补给量约 56%；夏季 6 ~ 8 月因为有较多的液态降水，限制了冰川表面的积累，仅约占全年总物质补给量的 14%。按照冰川物质补给的集中程度，该类型冰川被定义为"春季补给型"冰川，有别于"夏季补给型"冰川（Yang et al.，2013）。

冰川学界普遍认为青藏高原冰川大部分以"夏季补给型"为主，同时在帕米尔地区存在"冬季补给型"冰川（Ageta and Higuchi，1984）。通过对帕隆 94 号冰川与青藏高原中部小冬克玛底冰川的物质平衡过程对比研究，发现沿雅鲁藏布江大拐弯处存在"春季补给型"冰川（图 2.17）。基于藏东南地区降水季节性空间分布，划分了"春季补给型"冰川与"夏季补给型"冰川的大致界线，并利用能量 – 物质平衡模型检验了春季补给型冰川的气候敏感性。对比实验结果显示，春季补给造成夏季冰川消融减弱及全年积雪补给比例的增加，相比典型的"夏季补给型"冰川，其对气温变化的敏感性相对较弱（Yang et al.，2013）。

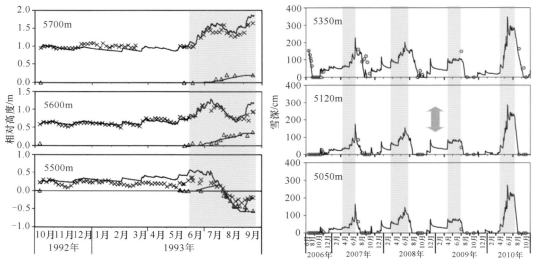

图 2.17　典型夏季补给型冰川（小冬克玛底冰川）和春季补给型冰川（帕隆 94 号冰川）
不同海拔冰面演化过程对比

资料来源（Fujita and Ageta，2000；Yang et al.，2013）

2.4.2　表碛对冰川消融及物质平衡的影响

24K 冰川的消融观测结果表明，2008 年 7 月 19 日~ 9 月 4 日平均消融率介于 9.6 ~ 51.7 mm w.e./d，平均值为 25.5 mm w.e./d。其中，最明显的特征是最大消融强度带出现在冰川中部（表碛覆盖厚度约 1cm），其日均消融能力最大为 51.7 mm w.e./d。而冰川末端至 4100 m 处的消融率由于厚表碛的存在而大大减弱，其消融率介于 9.6 ~

16.9 mm w.e./d，平均值仅为 14.2 mm w.e./d。而 4240 m 以上的区域下垫面为雪崩堆积物，其下垫面不同导致其消融率明显减小，平均消融率仅为 27.1 mm w.e./d。测杆 5 和测杆 6 下伏为裸露冰体，两测杆的消融率分别为 29.2 mm w.e./d 和 36.3 mm w.e./d，平均消融率为 32.7 mm w.e./d（Yang et al.，2010b）。

　　整体而言，24K 冰川表碛下的消融符合世界各地表碛覆盖型冰川的普遍特征（图 2.18）。对于 24K 冰川而言，当表碛厚度大于 15 cm 后，其消融基本上都处于 10 mm w.e./d 左右，但随着表碛厚度的增加，其消融速率几乎不再变化。消融速率的快速变化主要集中在表碛厚度为 0 ～ 15 cm 区间。24K 冰川与世界各地其他冰川不同之处在于最大消融率值的差异，这主要与冰川所在区域的太阳辐射和湍流加热不同及表碛的物理性质有一定的关系。本研究区位于印度季风进入青藏高原的重要水汽通道，具有水汽大、云量多的特点，导致辐射平衡总量及其供热比率减小，使得 24K 冰川的最大消融率偏小。

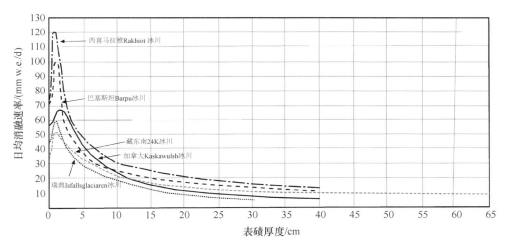

图 2.18　不同地点表碛厚度与消融速率的关系

资料来源（Mattson et al.，1993）

　　度日因子（degree day factor，DDF）是度日模型中的重要参数，是一定时期内的冰川消融量与同一时期内正积温的比值。DDF 把冰川消融与正积温联系在一起，是冰川表面及其近冰面层能量转化过程的简化描述。DDF 公式如下（Braithwaite，1995）：

$$DDF = \frac{M}{PDD} \tag{2.9}$$

式中，M 为一定时期内冰川消融量（mm w.e.）；PDD（positive degree day）为一定时期内的正积温（℃）；DDF 为度日因子。因此，可以基于气温及测杆消融观测资料计算表碛覆盖表面度日因子的变化情况。计算结果表明，24K 冰川表面的度日因子介于 1.6 ～ 10.6 mm/（℃·d），其中，在表碛覆盖区，随着表碛厚度的增加，其度日因子随海拔变化呈现很强的规律性（图 2.19）。利用表碛区测杆计算得出其相关性为 DDFs =

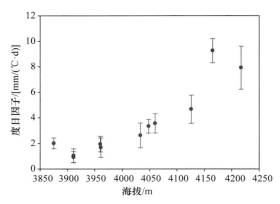

图 2.19　度日因子随海拔变化的规律

$1.35E^{-10}e^{0.0059H}$，$R^2=0.97$。而对于裸冰区，其度日因子平均值为 9.1 mm/（℃·d）。对于受雪崩堆积物影响的四根测杆而言，其下伏度日因子变化相对较小，介于 3.6 ～ 5.3 mm/（℃·d），其平均值为 4.5 mm/（℃·d）。

　　基于对冰川表面度日因子的分析，利用度日模型对冰川表面的消融量进行模拟计算，其计算公式为

$$M(h, t) = \mathrm{DDF}(h) \cdot T(h, t) \cdot S(h) \tag{2.10}$$

式中，$M(h, t)$ 为不同高度带（h）上某一时刻（t）的总消融量（m³ w.e.）；$\mathrm{DDF}(h)$ 为某一高度带上的度日因子 [mm/（℃·d）]；$T(h, t)$ 为不同高度带上某一时刻的日均气温（℃）；$S(h)$ 为不同高度带上的投影面积（m²），以 40 m 海拔分区进行各高度带上的消融计算。对于表碛覆盖区，度日因子与海拔的关系（图 2.19）进行计算，而对于非表碛覆盖区则利用 4.5 mm/（℃·d）进行计算，日均气温 $T(h, t)$ 利用 3800 m 处气温资料进行推算，气温递减率定为 0.65℃ /100m。图 2.20 为模拟值与实测值之间的关系，M_s 为模拟消融值；M_m 为实测消融值，斜线为 1 : 1 标准线，其相关性为 $M_s=0.84M_m+73.37（R^2=0.90）$。从图 2.20 中可以看出，模拟值相对效果较好。考虑到模型的简单性，度日模型可以相对较好地模拟冰川表面的消融量变化。

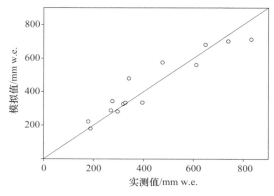

图 2.20　24K 冰川表碛下消融模拟值与实测值对比

在此基础上，考虑几种假设情景下的冰川消融量变化。一种假设情况为冰川表面为完全裸露情景，冰川表面 DDF 取 9.0 mm/(℃·d) 进行计算。另一种极端情况即现在的表碛覆盖区全部为厚厚的表碛覆盖（厚度大于 65 cm），此时表碛覆盖区 DDF 取 1.5 mm/(℃·d) 进行计算。利用式 (2.9) 可以对冰川日消融量进行估算，从而计算观测期内总的消融量。从图 2.21 中可以清楚地看出，假设冰川表面完全裸露时，2008 年 7 月 19 日～9 月 4 日，相对于现实状况，整个冰川消融量将增加 36% 左右；而假设表碛覆盖区全部为厚厚的表碛（即大于 65 cm）时，则会很大程度上抑制冰川的消融，整个冰川消融减少 59% 左右。如果仅考虑现在表碛覆盖区消融量的变化比例的话，其变化程度更为明显，分别会增加 57% 和减少 73% 左右。因此，表碛的存在对冰川表面消融有着显著的影响作用。

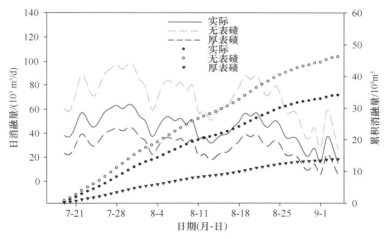

图 2.21　两种假设情景下日消融量（曲线）及累积消融量（点线）与现实情景下的对比

对不同海拔带的消融进行分析时可以看出（图 2.22），主要的消融带集中在 4180～4320 m，这一区域是表碛向非表碛的过渡地带，其面积只占冰川总面积的 39.6%，但其消融量占全部消融量的 63.6%。在假设无表碛覆盖的情景下，相同地带冰川的消融量所占比例仅为 49.5%；假设为较厚的表碛覆盖，则所占比例也仅为 33.5%。

通过野外观测及度日模型模拟，发现 24K 冰川末端海拔为 3900 m，现在冰川的后退主要依赖于末端斜面上裸露冰体的消融。根据冰川编目资料，帕隆藏布右岸（北岸）282 条冰川平均的末端海拔为 4540 m，比 24K 冰川要高出 640 m，仅有 25 条冰川末端低于 24K 冰川，而其中有 20 条冰川为表碛所覆盖。实际上，冰川末端高度与冰川的面积有很大的关系，对冰川中值高度进行分析，发现 24K 冰川中值高度低于帕隆藏布右岸 282 条冰川的平均值，说明 24K 冰川大面积表碛的存在对于冰川消融起到较强的抑制作用，表碛的存在很大程度上影响了冰川的消融及后退，这是冰川末端能够存在于较低海拔位置的重要原因。但如果表碛的厚度小于临界值，则表碛的存在会加强冰川消融。

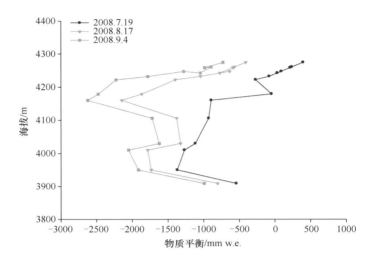

图 2.22 24K 冰川的物质平衡过程变化

冰川表面表碛的厚度及其分布会对冰川物质平衡结构产生的影响。图 2.22 为不同时期冰川表面的物质平衡结构变化情况，显示不同时期的物质平衡随海拔的波动，发现 24K 冰川物质平衡过程变化具有明显的特征：在 2008 年 7 月 19 日开始观测以前，除冰川末端外，表碛对于冰川物质平衡海拔变化趋势的影响较小，仍随海拔的升高而呈现物质平衡增大的趋势；而在进入强消融期后，表碛对于消融的影响逐渐增大，从而导致整体物质平衡结构形态发生改变，物质平衡梯度发生"倒转"，最大的物质亏损带出现在冰川中部地区，而并非出现在冰川末端。随着近年来青藏高原整体温度的升高，冰川表面的消融加速，而消融加速会导致冰川内碛的融出速度加快，使得表碛厚度不断增加，范围不断扩大，故而进一步抑制冰川表面消融。这是一个负反馈机制，在一定程度上延缓了冰川的消融。藏东南波密附近的冰川基本都是表碛覆盖型，其原因就是原来的非表碛覆盖型（洁净）冰川消融到一定程度后，表碛覆盖反而抑制了冰川进一步的消融。

冰川消融模拟过程中还存在一些问题（如假设气温递减率恒定），可能造成模拟结果的不确定性。同时，气温与消融之间的关系是对能量平衡的简单化表示，需要对表碛下冰川消融进行能量平衡研究，才能从物理机制上理解表碛下消融过程并对其进行精确模拟。

第 3 章

藏东南海洋型冰川快速
变化的特征

在气候变暖背景下，我国冰川整体上处于退缩状态。由于海洋型冰川的高补给、高消融的特点，其对气候变化极为敏感，小幅度的升温可导致冰川平衡线的大幅度升高和冰川大面积的萎缩（施雅风，2000）。通过系统分析青藏高原及周边地区现有的冰川面积、末端位置、物质平衡变化数据，发现 1990 年以来，冰川变化呈现明显的空间差异，藏东南地区海洋型冰川的冰量亏损幅度最大。

3.1 冰川面积变化

3.1.1 小冰期以来的冰川变化

小冰期主要指全新世气候最适宜期之后的气候寒冷时期。在此阶段，青藏高原冰川普遍存在明显的前进和面积增大现象。Brauning（2006）首次在藏东南地区开展了系统的树轮冰川学研究工作，基于冰川前端的树轮资料成功地重建了该地区三条冰川的进退历史。随后，Yang 等（2008）在前人工作的基础上综合了青藏高原地区 16 条冰川的进退研究结果，重建了晚全新世以来海洋型冰川的波动历史。近年来，利用青藏高原东南部米堆冰川前端冰碛垄上的树轮年代学证据，对冰碛垄形成年代进行定年，重建了小冰期以来冰川的进退历史，发现小冰期以来，米堆冰川至少经历了四次明显的冰川进退波动，冰进事件分别发生在 1767 年、1875 年、1924 年和 1964 年，其中 1767 年对应小冰期冰盛期，冰川前进达到最大规模（徐鹏等，2012）。

Loibl 等（2014）利用 GIS 和遥感手段，分析了藏东南念青唐古拉山 1964 条冰川小冰期以来的变化。统计结果显示，小冰期以来，冰川长度的减小率介于 6% ～ 58.3%，平均值为 27%。长度大于 5000 m 的冰川长度减小率不超过 25%，小于 1000 m 长度的冰川有更高的减小率 [图 3.1（a）]，而且冰川规模越小，其退缩的相对幅度越大。面积大于 10 km^2 的冰川长度减小率不大于 25%，并且随着冰川面积的增加，冰川长度的变化率逐渐减小 [图 3.1（b）]，这是由于面积大的冰川对气候环境变化的响应时间较长。面积介于 0.7 ～ 2 km^2 的冰川长度变化率最大。冰川长度变化率与其所在的纬度 [图 3.1（c）] 和平衡线高度变化值（ΔELA）[图 3.1（d）] 之间均未发现显著的线性相关关系。

冰川朝向分布雷达图还显示 [图 3.1（e）]，朝向为 N、NW、W、SW 的冰川长度变化率很接近，为 27% ～ 28%；而朝向为 S（22.9%）、SE（25.2%）、NE（24.4%）的冰川长度减小率相对较小，而朝向为 E 的冰川长度减小率最大，达到了 45.3%。在冰川形态类型上，悬冰川（～ 30%）和冰斗冰川（～ 28%）的长度减小率比山谷冰川更显著（14% ～ 24%）[图 3.1（f）]。

反距离权重（inverse distance weight，IDW）插值结果（图 3.2）显示，ELA 呈现自南（约 4600 m）向北（约 5700 m）增加的空间趋势，最小值出现在研究区的东南部靠近雅鲁藏布大峡谷的位置；而最大值出现在西北部。ELA 的低值沿着易贡藏布和帕隆藏布峡谷分布，在这两个峡谷以北，ELA 的分布不均一，高值和低值同时出现。ELA

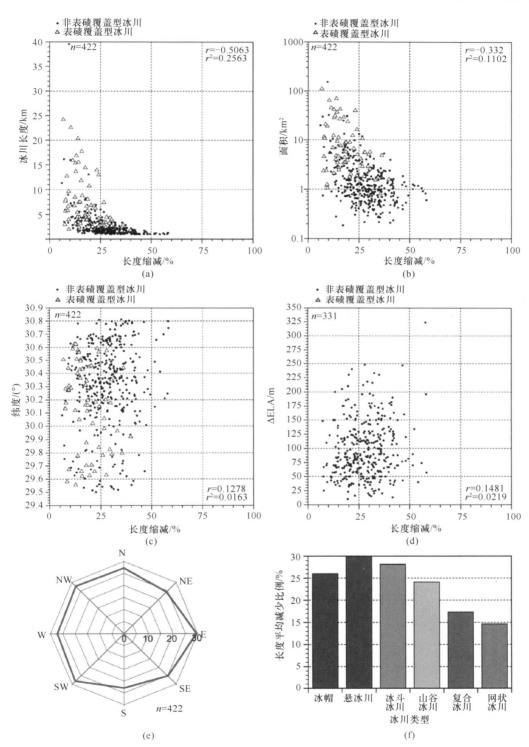

图 3.1 小冰期以来冰川长度变化与冰川长度 (a)，冰川面积 (b，对数显示)，冰川所处纬度 (c)，冰川物质平衡线变化 (d)，冰川朝向 (e)，以及冰川类型 (f) 的关系图 (Loibl et al.，2014)

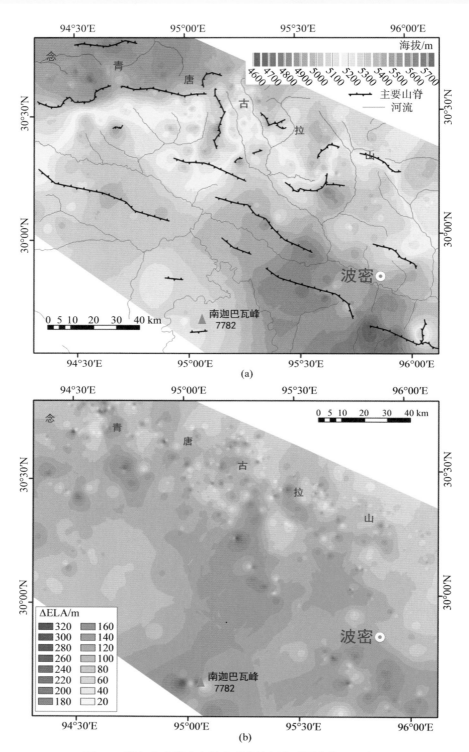

图 3.2　藏东南念青唐古拉山现代冰川物质平衡线（a）以及
小冰期时相对于现代的冰川物质平衡线的降低值（b）（Loibl et al.，2014）

的空间分布与局地地形有显著的相关关系，如 30°00′N、96°40′E 处出现的 ELA 低值恰好位于波堆藏布峡谷与毗邻的山脉之间，而 30°30′N、95°10′E 处出现的 ELA 高值则位于山脊附近。IDW 插值图显示，自小冰期以来所有的 ELA 值均出现了上升，上升幅度均值为 136.4 m，中位数为 97.5 m。冰川平衡线高度变化值 ΔELA 出现自南和西南向东北减小的空间趋势（图 3.2）。但是 ΔELA 也受到了局地因素的显著影响。

ELA 的空间分布表明季风带来的水汽经过雅鲁藏布大峡谷进入念青唐古拉山，并且一直影响到了研究区的北部。ELA 的低值集中出现在山谷位置，而高值集中出现在背风坡。

小冰期以来，南坡冰川长度以及 ELA 的变化并没有出现比其他朝向高的特征。考虑到小冰期以来太阳辐射水平升高、北半球升温以及 20 世纪以来的全球变暖，朝南的冰川其长度和 ELA 变化应该更大。但是 Loibl 等（2014）的研究结果却与这个假设相反，认为这可能是由季风造成的，小冰期以来季风明显增强，因而对藏东南冰川发育产生了正面的影响。

刘时银等（2005）利用航空像片对岗日嘎布山南北两侧易于识别的 102 条冰川自小冰期结束（1915 年）以来的冰川范围进行了判读和量算（表 3.1）。结果表明，1915 ～ 1980 年所有冰川均处于退缩状态，这 102 条冰川长度平均缩短 1095 m，末端平均海拔升高了 158 m，面积减少了 47.9 km²，储量减少了 6.95 km³，其中面积和储量的减少分别占 1915 年相应总量的 4.3% 和 4.4%。1915 ～ 1980 年的 65 年中，这 102 条冰川的面积、储量、平均长度的年均变化率分别为 –0.74 km²/a、–0.11 km³/a 和 –16.8 m/a，末端平均海拔年均上升 2.4 m。总体上讲，山地南坡丹龙曲流域（中国冰川编目：50291B）冰川面积和储量减少比例大于北坡然乌湖流域（中国冰川编目：50282B）。Su 等（2000）对本区察隅河流域 245 条冰川小冰期至 1980 年的变化进行量算和分析，因其所量算的冰川面积均较小（平均面积仅 1.41 km²），这些小冰川在此期间的面积减小幅度可达 36.9%。

3.1.2　现代冰川面积变化

基于 1980 年地形图和 1988 年、2001 年的 Landsat 数据以及 2005 年中巴资源卫星数据，辛晓冬等（2009）对藏东南然乌湖流域 1980 ～ 2005 年冰川和湖泊的面积变化进行了研究，发现在这一时段，冰川面积从 496.64 km² 减少到 466.94 km²，减少量为 29.7 km²，萎缩速率为 1.19 km²/a，萎缩量占冰川总面积的 5.98%，流域内冰川面积占比也从 22.42% 减少到 21.08%。规模巨大的雅弄（来古）冰川是然乌湖流域内冰川面积的主要贡献者，该冰川末端为一冰前湖，其在一定程度上抑制了该冰川的后退，也使得然乌湖流域冰川的面积变化并不显著。Yang 等（2010a）研究发现，藏东南六条冰川近期的物质平衡均为负值，年均物质损失在 1 m w.e. 左右，冰川末端持续退缩。从面积来看，面积较小的冰川相对于面积较大的冰川显示出更大的亏损幅度。与此同时，区域内的冰湖面积则从 1980 年的 29.79 km² 增大到 2005 年 33.27 km²，扩大了 3.48 km²，增加速率为 0.14 km²/a，流域内湖泊面积占比从 1.34% 增加到 1.5%。

表 3.1 藏东南日嘎布山小冰期结束至 1980 年的冰川变化（刘时银等，2005）

流域	条数	面积 /km²			平均长度 /m			末端平均海拔 /m			储量 /km³		
		1915 年	1980 年	变化	1915 年	1980 年	变化	1915 年	1980 年	变化	1915 年	1980 年	变化
北坡然乌错流域	67	687.46	659.34	−28.12	4739	3934	−804	4529	4665	137	111.50	107.19	−4.32
南坡丹龙曲流域	35	428.79	409.01	−19.78	7894	6509	−1386	3633	3813	179	46.81	44.17	−2.63
合计	102	3031.25	3048.35	−47.9	4849.33	4141	−1095	3359	3486	158	2073.31	2131.36	−6.95

基于地形图、航空摄影相片和 Landsat OLI 遥感影像，对青藏高原东南部岗日嘎布山的冰川变化进行了研究（吴坤鹏等，2017）。结果表明，1980 ～ 2015 年，岗日嘎布山冰川面积减少 679.50 km²（–24.91%），年平均面积退缩率为 0.71%/a，末端海拔平均升高了 111 m（表 3.2）。而在 20 世纪 70 年代至 21 世纪初，藏东南地区典型冰川的萎缩率为 0.57%/a（Yao et al.，2012）。考虑到冰川变化时段选择的不同以及单条冰川与区域内冰川整体变化的差异，二者的结果还是较为一致。

表 3.2　藏东南山岗日嘎布山冰川面积变化与中国西部典型山区冰川变化对比（吴坤鹏等，2017）

研究区域	年份	面积变化 /km²	退缩率 /%	退缩速率 /(%/a)
阿尔泰山	1960 ～ 2009	–104.61	–36.91	–0.75
天山	1960 ～ 2010	—	–11.50	–0.22
东帕米尔	1963 ～ 2009	–248.70	–10.80	–0.25
西昆仑山	1970 ～ 2010	–95.06	–3.37	–0.09
祁连山	1956 ～ 2005	–417.15	–20.70	–0.47
青藏高原内陆流域	1970 ～ 2009	–766.65	–9.54	–0.26
珠穆朗玛峰保护区	1976 ～ 2006	–501.91	–15.63	–0.56
贡嘎山	1966 ～ 2009	–29.20	–11.33	–0.28
岗日嘎布山	1980 ～ 2015	–679.50	–24.91	–0.71

3.2　冰川冰量变化及趋势

3.2.1　冰量的整体变化格局

传统的冰量变化观测方法是在冰川表面不同位置布设观测点，进行定期的积累和消融观测，通过计算得到整个冰川表面的物质收支平衡（简称物质平衡）。正物质平衡代表冰量增加，负物质平衡代表冰量减少（图 3.3）。Yao 等（2012）通过系统综合集成青藏高原现有的物质平衡资料，发现冰量损失呈现明显的空间差异，亏损程度从喜马拉雅山向青藏高原腹地减小，帕米尔 – 西昆仑一带亏损程度最小，部分冰川甚至出现微弱的正物质平衡（图 3.4）。从时间尺度来看，青藏高原冰川自 20 世纪 90 年代以来呈现加速亏损的趋势。青藏高原监测时间最长和最连续的小冬克玛底冰川，1989 ～ 2010 年平均物质平衡为 –0.24 m w.e./a，其中 2000 ～ 2010 年平均物质亏损量为 1989 ～ 1999 年平均值的 3 倍。虽然代表性冰川的连续观测可以准确得到冰川表面收入与支出的年际波动，但是这种实地观测耗费大量的人力物力，且大部分监测冰川为面积小于 2 km² 的小冰川，存在空间代表性问题及观测时段较短的局限。

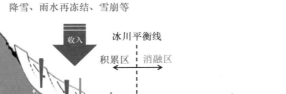

图 3.3　传统冰川物质平衡观测方法示意图

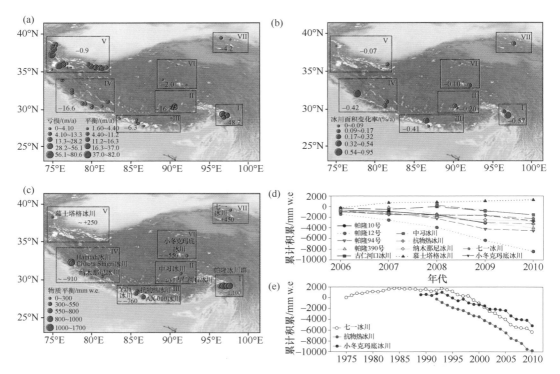

图 3.4　青藏高原冰川变化（Yao et al.，2012）
（a）冰川末端变化；（b）冰川面积变化；（c）冰川物质损失模态；（d）和（e）冰川物质损失变化的时间特征

　　近些年来，一些新的对地遥感观测技术（如 ICESat、InSAR、GRACE 等）使得大范围的冰量变化估算成为可能，并已经取得了重要进展（如 Brun et al.，2017）。虽然采用不同方法获得的冰量变化的绝对值还存在着较大的差异，但遥感手段揭示的冰川空间变化格局与实地监测一致（图 3.5）。实地监测与遥感结果均发现近期藏东南及喜马拉雅山冰川亏损幅度最大，而帕米尔–喀喇昆仑–西昆仑山地区呈现微弱的冰量增加。在全球气候变暖的大背景下，季风影响下的喜马拉雅山地区和西风控制下的帕米尔–

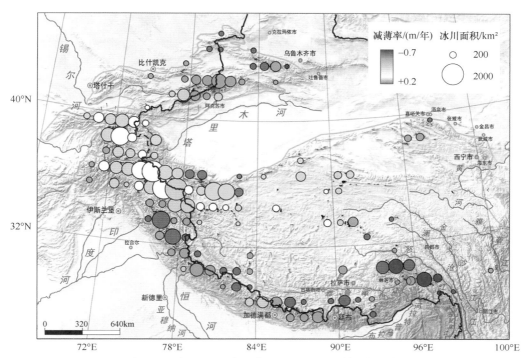

图 3.5　利用 2000 年和 2016 年两期 ASTER DEM 获得的青藏高原冰川
厚度变化空间分布（Brun et al.，2017）

喀喇昆仑山地区冰川存在不同的变化模态。

虽然对青藏高原近期冰川变化空间格局有了相对清晰的认识，但其变化量还存在着很大的不确定性。例如，基于 GRACE 重力卫星资料反演的青藏高原及其周边冰量变化为 -47 ± 12 Gt/a（1Gt $=10^{9}$t）（Matsuo and Heki，2010），而一些学者利用相同资料得出的结果仅为 -4 ± 20 Gt/a（Jacob et al.，2012），两者相差了一个数量级。基于 ICESat 数据计算得出的整个兴都库什－喀喇昆仑－喜马拉雅地区冰量损失为 -12.8 ± 3.5 Gt/a，而采用 GRACE 重力卫星得出的损失量仅为 -5 ± 3 Gt/a（Matsuo and Heki，2010）。此外，一些估算结果与实地观测值相差较大，如根据 GRACE 重力卫星观测结果，有研究发现，$2003\sim2010$ 年祁连山及青藏高原腹地冰量增加（Jacob et al.，2012），但该结果与实地观测到的冰川亏损、冰川萎缩相违背。

利用两期高精度的 DEM 数据可以从空间变化的角度分析青藏高原冰川变化的幅度与格局。Brun 等（2017）利用 2000 年和 2016 年两期 ASTER DEM 可以获得青藏高原冰川厚度的空间分布（表 3.3）。从表 3.3 中可以看出，与地面实测的物质平衡空间分布相类似，青藏高原及周边地区的冰川冰量变化呈现明显的空间差异，明显的冰量损失发生在藏东南及横断山区、喜马拉雅山西部及天山、阿尔泰山地区，而在西昆仑地区冰川呈现了微弱的正平衡及冰量增加的格局。$2000\sim2016$ 年，念青唐古拉山地区冰量的整体平均损失量为 0.62 m w.e./a 左右，在青藏高原及周边所有山系中损失幅度最大。

表 3.3　利用 2000 年和 2016 年两期 ASTER DEM 获得的青藏高原冰川物质平衡与 ICESat 获得的结果的对比（Brun et al.，2017）

区域	冰川面积 /km²	ASTER 物质平衡 （2000～2016 年）/(m w.e./a)	融合 ICESat 和 ASTER 数据 （2000～2016 年）的冰川 物质平衡 /(m w.e./a)	ICESat 物质平衡 （2003～2008 年）/(m w.e./a)
不丹	2291	−0.42±0.20	−0.30	−0.76±0.20
尼泊尔东部	4776	−0.33±0.20	−0.33	−0.31±0.14
兴都库什山	5147	−0.12±0.07	−0.14	−0.42±0.18
青藏高原内部	13102	−0.14±0.07	−0.12	−0.06±0.06
喀喇昆仑山	17734	−0.03±0.07	−0.06	−0.09±0.12
昆仑山	9912	+0.14±0.08	+0.17	+0.18±0.14
念青唐古拉山	6378	−0.62±0.23	−0.51	−1.14±0.58
帕米尔 – 阿赖山	1915	−0.04±0.07	+0.00	−0.59±0.27
帕米尔高原	7167	−0.08±0.07	−0.05	−0.41±0.24
斯皮提 – 拉胡尔	7960	−0.37±0.09	−0.33	−0.42±0.26
天山	10802	−0.28±0.20	−0.20	−0.37±0.31
尼泊尔西部	4806	−0.34±0.09	−0.27	−0.37±0.15
总计	91990	−0.18±0.04	−0.15	−0.34±0.06

3.2.2　关键区的冰量变化特征及变化趋势

1. 岗日嘎布山地区的冰量变化

基于 1980 年航测地形图、2000 年 2 月 11～22 日 SRTM 数字高程模型（DEM）和 2014 年的 X 波段 TerraSAR/TanDEM 雷达影像，Wu 等（2018）揭示了岗日嘎布地区冰川高程变化。研究区的空间范围为 29°～30°N、96°～98°E，包括帕隆藏布以南、贡日嘎布曲以北的区域，覆盖面积达 3600 km²（图 3.6）。

研究结果显示（表 3.4），岗日嘎布地区冰川表面高程在不同时期内均出现了明显下降，且冰川呈现加速退缩的趋势。1980～2014 年，岗日嘎布地区冰川表面高程平均下降了 17.46±0.54 m，其中 1980～1999 年下降了 5.30±0.77 m，平均下降 0.27±0.17 m/a；1999～2014 年下降了 11.04±0.43 m，平均下降 0.79±0.11 m/a（图 3.7），呈现出加速减薄的趋势。

冰川表面高程变化可以转换为冰川体积变化或物质平衡结果。岗日嘎布地区冰川近 35 年平均减薄 0.51±0.09 m/a，转换为物质平衡 −0.46±0.08 m w.e./a，冰储量减少 13.76±0.43 Gt。其中，1999 年之前，冰川平均物质平衡为 −0.24±0.16 m w.e./a，1999 年之后冰川平均物质平衡为 −0.71±0.10 m w.e./a。

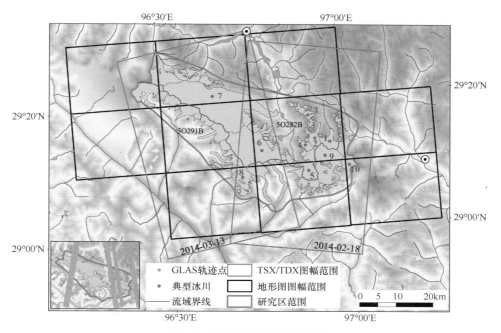

图 3.6 研究区及数据覆盖范围

数字对应表 3.4 中冰川序号（Wu et al.，2018）

表 3.4 藏东南岗日嘎布地区冰川物质平衡分布特征（Wu et al.，2018）

区域		冰川面积 /km²	1980～2000 年		2000～2014 年		1980～2014 年	
			平均高程变化 ΔH/m	物质平衡 /(m w.e./a)	平均高程变化 ΔH/m	物质平衡 /(m w.e./a)	平均高程变化 ΔH/m	物质平衡 /(m w.e./a)
1	5O282B0002	15.48	−11.05±0.70	−0.44±0.14	−13.33±0.91	−0.86±0.22	−20.66±1.42	−0.55±0.22
2	5O282B0004	13.63	−7.70±0.70	−0.29±0.14	−10.16±0.91	−0.65±0.22	−15.17±1.42	−0.40±0.22
3	5O282B0010	4.99	−10.31±0.70	−0.41±0.14	−10.47±0.91	−0.67±0.22	−21.44±1.42	−0.57±0.22
4	5O282B0023	7.46	−6.28±0.70	−0.23±0.14	−8.71±0.91	−0.56±0.22	−14.14±1.42	−0.37±0.22
5	5O282B0025	26.72	−4.24±0.70	−0.13±0.14	−13.72±0.91	−0.88±0.22	−14.52±1.42	−0.38±0.22
6	5O282B0028	98.99	−5.93±0.70	−0.21±0.14	−8.90±0.91	−0.57±0.22	−10.99±1.42	−0.29±0.22
7	5O282B0037	193.45	−9.21±0.70	−0.36±0.14	−15.21±0.91	−0.98±0.22	−24.51±1.42	−0.65±0.22
	5O282B 流域	471.06	−7.92±0.70	−0.30±0.14	11.85±0.91	−0.76±0.22	−19.13±1.42	−0.51±0.22
8	5O291B0151	19.24	−8.47±0.80	−0.33±0.16	−7.66±0.16	−0.49±0.04	−18.56±0.72	−0.49±0.11
9	5O291B0196	56.60	−3.63±0.80	−0.11±0.16	−14.33±0.16	−0.92±0.04	−15.25±0.72	−0.40±0.11
10	5O291B0200	14.66	−2.93±0.80	−0.08±0.16	−10.49±0.16	−0.67±0.04	−14.16±0.72	−0.37±0.11
	5O291B 流域	317.22	−4.14±0.80	−0.13±0.16	−9.74±0.16	−0.63±0.04	−14.77±0.72	−0.39±0.11
	积累区	530.19	−4.95±0.77	−0.22±0.16	−5.69±0.43	−0.37±0.10	−12.06±0.54	−0.32±0.08
	消融区	258.09	−5.98±0.77	−0.27±0.16	−21.00±0.43	−1.35±0.10	−27.64±0.54	−0.73±0.08
	表碛覆盖区	56.85	−8.87±0.77	−0.40±0.16	−27.39±0.43	−1.76±0.10	−33.50±0.54	−0.89±0.08
	非表碛覆盖区	731.43	−5.00±0.77	−0.23±0.16	−9.70±0.43	−0.62±0.10	−16.22±0.54	−0.43±0.08
	总计	788.28	−5.30±0.77	−0.24±0.16	−11.04±0.43	−0.71±0.10	−17.46±0.54	−0.46±0.08

研究区内冰川物质平衡空间差异特征明显。岗日嘎布地区北坡的 5O282B 流域,冰川最大面积为 471.05±3.03 km², 1980 ~ 2014 年冰川平均减薄 19.13±1.42 m, 年平均减薄率 0.56±0.24 m/a, 平均物质平衡为 −0.51±0.22 m w.e./a。岗日嘎布地区南坡的 5O291B 流域, 冰川最大面积为 317.22±4.27 km², 1980 ~ 2014 年冰川平均减薄较小于 5O282B 流域, 为 14.77±0.72 m, 年平均减薄率 0.43±0.12 m/a, 平均物质平衡为 −0.39±0.11 m w.e./a。5O282B 流域平均冰川物质平衡, 从 1980 ~ 1999 年的 −0.30±0.14 m w.e./a 降低到 1999 ~ 2010 年的 −0.76±0.22 m w.e./a。5O291B 流域平均冰川物质平衡, 从 1980 ~ 1999 年的 −0.13±0.16 m w.e./a 降低到 1999 ~ 2014 年的 −0.63±0.04 m w.e./a。物质平衡数值的降低表明冰川的消融增强。

在 1980 ~ 1999 年和 1999 ~ 2014 年两个时间段, 岗日嘎布地区的冰川经历了物质加速损失。消融区冰川近 35 年平均减薄 27.64±0.54 m, 平均物质平衡为 −0.73±0.08 m w.e./a。

对于岗日嘎布地区, 在不同高度海拔上, 冰川物质平衡有所差异 (图 3.7), 可能的原因是表碛的存在对冰川消融有加速或抑制作用。表碛覆盖的冰川, 1980 ~ 2014 年表面高程减薄显著, 平均减薄 33.50±0.54 m, 平均物质平衡 −0.89±0.08 m w.e./a。对于裸冰区, 尤其是与表碛覆盖区所处海拔相同的裸冰区, 呈现较小的物质损失 (图 3.8)。

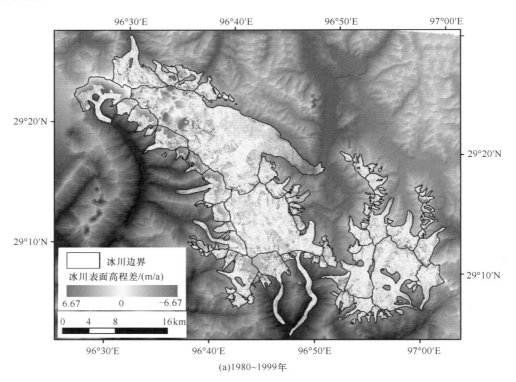

(a)1980~1999年

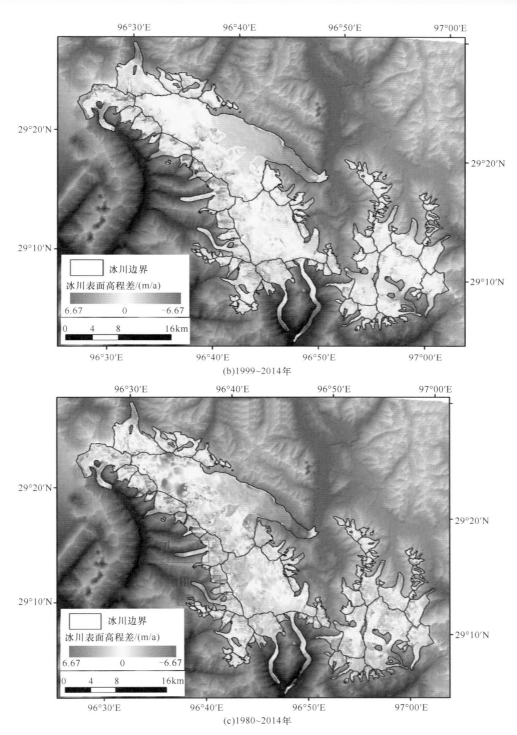

(b)1999~2014年

(c)1980~2014年

图 3.7 岗日嘎布地区冰川表面高程年平均变化分布图

(a)1980～1999 年，TOPO DEM 与 SRTM 高程变化；(b)1999～2014 年，SRTM 与 TSX/TDX 高程变化；

(c)1980～2014 年，TOPO DEM 与 TSX/TDX 高程变化（Wu et al.，2018）

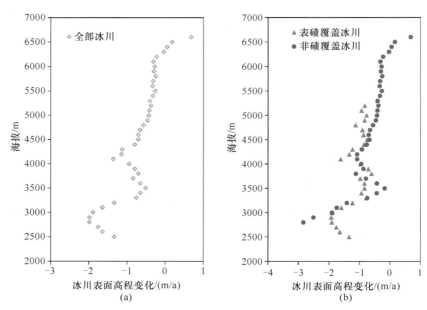

图 3.8 岗日嘎布地区不同海拔的冰川表面高程平均变化（Wu et al.，2018）

岗日嘎布地区南坡 5O291B 流域，有两条冰川表面高程呈现增加的现象（图 3.7），分别为 5O291B0113 和 5O291B0117 冰川。1980～2014 年，5O291B0113 冰川末端保持稳定，而 5O291B0117 冰川末端退缩了 1059 m，平均退缩 30 m/a。对比两条冰川 1980～1999 年和 1999～2014 年两个时间段的表面高程变化，发现 1999 年之前，冰川表面高程增大，1999 之后冰川表面高程降低。由于数据空洞，两条冰川的积累区表面高程出现数据缺失，因此分析冰川表面高程异常变化的原因存在一定限制。

2. 藏东南波堆藏布流域上游则普冰川区的冰量变化

Neckel 等（2017）同样对比了 2000 年 SRTM 数据和 2014 年的 TanDEM-X 高程数据，其研究区主要集中在藏东南波堆藏布流域上游地区，距波密县城约 40 km，包括了第一次青藏科考中涉及的则普冰川（2018 年第二次青藏科考中利用无人机进行了照片拍摄，见附录照片）。两期 DEM 数据对比发现，五条表碛覆盖型冰川的表面高程发生了明显的降低，表明该区域表碛覆盖区的冰川处于严重的物质亏损状态，通过高程变化折算水当量的损失，发现这五条冰川的平均冰量损失约为 0.83 m w.e./a，其中则普冰川的平均冰量损失约为 0.58 m w.e./a（图 3.9 和表 3.5）。则普冰川是一条表碛覆盖型的冰川，尽管厚表碛可以部分阻隔大气热量进而减缓冰川的消融，但是在藏东南气候变暖的大背景下，该冰川仍然处于严重的亏损状态。

此外，通过三期光学遥感影像对比，Neckel 等（2017）计算了不同时间段冰川表面的运动速度。通过对比发现，则普冰川运动速度介于 0～50 m，冰川中部运动速度较快，在冰川末端运动速度最慢，近年来冰川的运动速度降低了 51%。

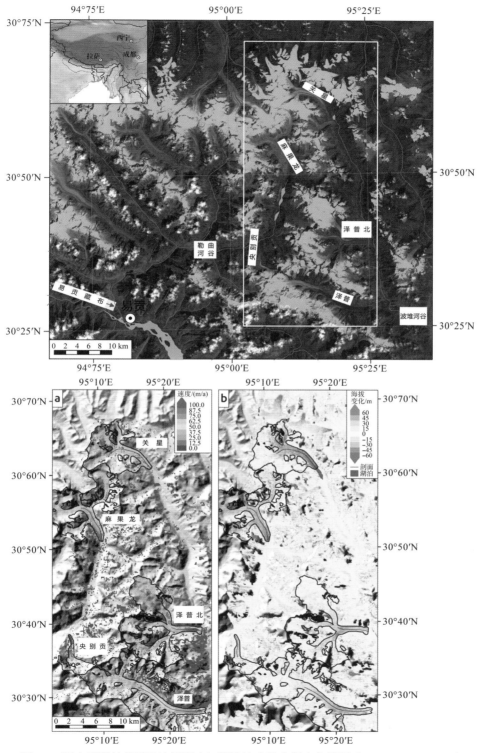

图 3.9　研究区覆盖范围及冰川厚度与运动速度的空间变化情况（Neckel et al., 2017）

表 3.5　藏东南波堆藏布流域内五条面积较大的冰川 2000 ～ 2014 年平均高程的变化量
(Neckel et al.，2017)

冰川	1999 年雪线高度 /m	积累区面积 /km²	消融区面积 /km²	冰川面积 /km²	表碛覆盖面积比例 /%	平均高程变化 /(m/a)
则普	4828	52.86	35.42	88.28	14	−0.58±0.57
未命名 I	4900	48.58	20.54	69.12	11	−0.50±0.57
未命名 II	4993	6.82	5.62	12.44	27	−0.67±0.57
麻果龙	5072	37.60	24.15	61.75	15	−1.19±0.57
关星	5069	29.92	13.96	43.88	9	−1.40±0.57

3.3　藏东南代表性冰川的变化

20 世纪 70 年代，第一次青藏高原综合科学考察队曾对藏东南海洋型冰川进行了冰川 – 气象等的短期观测，在现代冰川发育的水热条件及古冰川规模等方面取得了重要认识（李吉均等，1986），明确了我国海洋型冰川的基本特征（如水热转换状态、冰川物理及第四纪以来冰川发育序列的大致时间与规模等）。2006 年之后通过对藏东南六条海洋型冰川（阿扎冰川、帕隆 94 号冰川、帕隆 12 号冰川、波密 24K 冰川、帕隆 4 号冰川和帕隆 390 号冰川等）的末端变化、冰量变化及物质平衡变化进行观测和研究，用于同第一次青藏科考的观测数据进行对比。这些冰川的具体分布位置如图 3.10 所示。

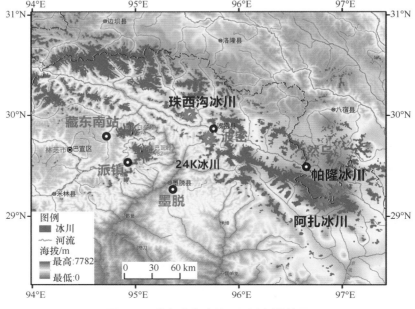

图 3.10　藏东南代表性观测冰川的位置

3.3.1　阿扎冰川变化

阿扎冰川（29.132°N，96.817°E，中国冰川编目：5O291B0181）是第一次青藏科考重点考察的冰川。2018 年 11 月，第二次青藏高原冰川科学考察藏东南科学考察分队对阿扎冰川进行了观测，主要开展了冰川消融、冰川高程变化、冰川运动速度的观测以及冰川微生物与地球化学采样等工作。早在 1933 年，英国植物学家 F.K.Ward 在岗日嘎布山脉地区探险考察中，就对该冰川中下部进行了拍摄，留下了宝贵的影像资料。第一次青藏科考时，科考队曾在同一位置处就该冰川进行重复拍照对比。2006 年，姚檀栋等再次在该位置处对该冰川末端拍照。通过对比 1933 年（F.K. Ward 拍摄）、1973 年（张祥松拍摄）、2006 年（姚檀栋拍摄）和 2018 年第二次青藏科考在同一位置拍摄的阿扎冰川照片，发现该处冰川表面特征发生明显的变化，表碛物质增加，特别是冰川两侧出现明显的表碛覆盖，冰量也明显地减少（图 3.11）。

(a)　　　　　　　　　　　　　　　　(b)

(c)　　　　　　　　　　　　　　　　(d)

图 3.11　阿扎冰川冰舌拐弯处 1933 年（F.K. Ward 拍摄）(a)、1973 年（张祥松拍摄）(b)、2006（姚檀栋拍摄）(c)和 2018 年（第二次青藏科考队拍摄）(d)相同位置照片对比

1. 冰川末端变化

第一次青藏科学考察中，通过 1973 ～ 1976 年对阿扎冰川末端的实地观测，李吉

均等（1986）发现冰舌末端共退缩了 195 m，平均每年退缩 65 m。通过与当地老人交谈，发现 20 世纪 30 ～ 70 年代阿扎冰川已经处于退缩状态，并大致判断出 50 年来冰川退缩了 700 m。2006 年姚檀栋等对该冰川进行考察时发现，该冰川自 20 世纪 70 年代第一次科考以来发生了明显的连续后退，基于遥感资料进行了多期冰川末端变化的研究（图 3.12）。2018 年第二次科考时，通过实地 GPS 测量以及与 2005 年位置进行对比，发现阿扎冰川在 2005 ～ 2018 年，冰川末端的后退约 770 m，平均每年退缩 64 m。1917 ～ 2018 年，该冰川已经总共退缩了约 3.6 km。图 3.12 显示了阿扎冰川 1917 ～ 2018 年 100 年间的冰川后退情况。

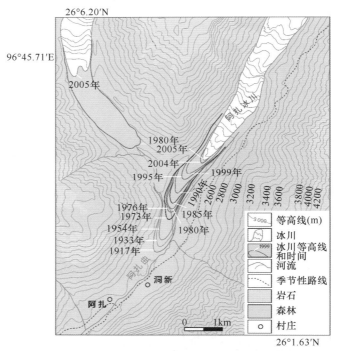

图 3.12　阿扎冰川 1917 ～ 2018 年百年来的末端后退序列
红粗线为 2018 年位置；此图据（Yao et al., 2012）改绘

2. 冰川末端表碛变化

通过 1984 年 12 月、1994 年 6 月、2006 年 11 月、2018 年 9 月四期 Landsat 影像的对比可以看出，冰川末端发生明显的后退，而且冰川表面表碛物质增加（图 3.13），原来裸露的冰川冰已经被表碛所覆盖，冰川厚度明显减薄（图 3.14）。

3. 冰川厚度变化

基于 1980 年航测地形图、2000 年 2 月 11 ～ 22 日 SRTM 数字高程模型（DEM）和 2014 年的 X 波段 TerraSAR/TanDEM 雷达影像，得到岗日嘎布地区冰川高程变化。从图 3.15 中可以看出，2000 年以后阿扎冰川的末端消融减薄幅度明显加速（图 3.15）。

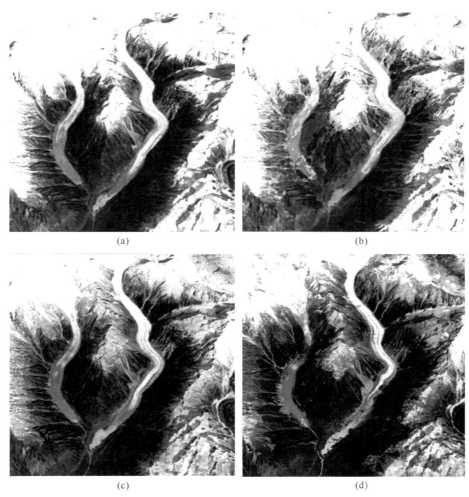

图 3.13　阿扎冰川 1984 年 12 月（a）、1994 年 6 月（b）、2006 年 11 月（c）、
2018 年 9 月（d）Landsat 影像的对比情况（图像来源：Google Earth）

图 3.14　阿扎冰川末端 2010 年 7 月 18 日（a）和 2018 年 11 月（b）照片对比

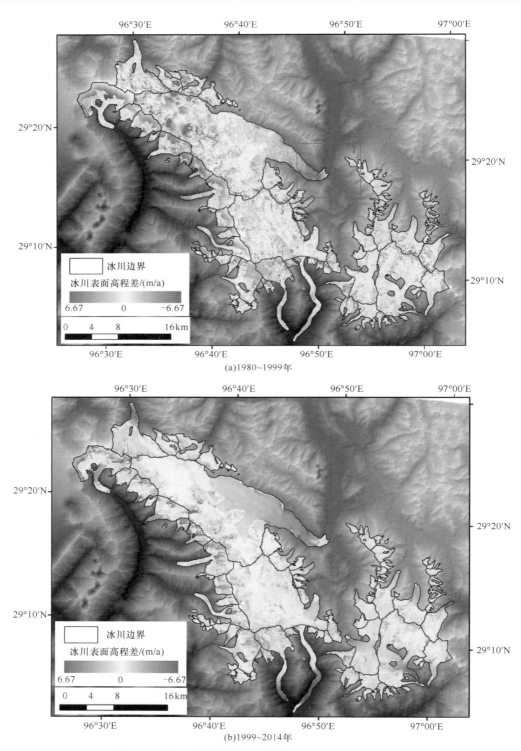

(a)1980~1999年

(b)1999~2014年

图 3.15 阿扎冰川及周边冰川高程变化（Wu et al., 2018）

(a)1980 ~ 1999 年；(b)1999 ~ 2014 年

2018 年 11 月，第二次青藏科考藏东南冰川科考分队利用中海达 A10 型差分 GPS 沿阿扎冰川末端主流线进行了连续的高程测量（图 3.16），并通过与 2000 年 SRTM DEM 数据进行相对高程对比，估算了 2000～2018 年冰川末端厚度的减薄幅度。从图 3.16 中可以看出，在过去的 18 年间，冰川末端发生了明显的减薄，平均每年减薄 5～6 m。冰川末端为厚层表碛覆盖，其对冰川消融有一定的抑制作用，因此冰量消融幅度相对较小，减薄量在 70～80 m；而在中部表碛区向裸露冰体过渡区域，由于表碛的吸热作用，冰川消融减薄严重，部分区域的减薄量达到 120 m 左右（图 3.16）。

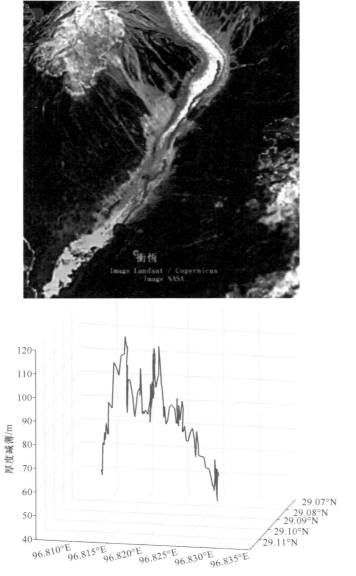

图 3.16　阿扎冰川末端 2010 年 SRTM 高程与 2018 年 GPS 测量高程对比显示的
冰川末端高度的空间变化

3.3.2 帕隆94号冰川变化

2006年6月起，我们选取了帕隆94号冰川作为重点监测冰川（图3.17），开展长期、连续的物质平衡观测。目前，该冰川的年度物质平衡观测数据已经纳入世界冰川监测服务处（Worl Glacier Monitoring Service，WGMS）的观测网络之中（https://wgms.ch/ggcb/)，该冰川成为除天山乌鲁木齐河源1号冰川外，中国境内第二条被WGMS收录的冰川。

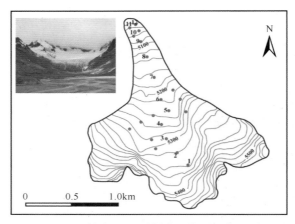

图3.17 帕隆94号冰川表面物质平衡观测
图中的红点为测杆位置

对该冰川连续12年（2006～2018年）的物质平衡观测表明，该冰川一直处于严重的物质亏损状态，累积冰川亏损量达到11 m w.e.，平均物质损失量约为0.9 m w.e./a左右，即相当于冰川整体厚度每年减少1 m左右。其中，2009年冰川的物质损失量最大，该观测年度的物质亏损达到2.4 m w.e.。

在帕隆94号冰川末端海拔5000 m的区域，冰川表面消融量达到4～5 m的量级。由于该冰川的持续亏损，冰川末端也在持续后退之中。2006年第一次观测该冰川时，该冰川左侧分支仍与主体相连接。经过10年左右的冰川强烈消融与物质亏损之后，该冰川左支于2015年与主体脱离，成为一条高位的冰斗冰川，帕隆94号冰川正式分解为两条冰川（图3.18）。同时，右支冰川虽然仍与槽谷主体冰川相连接，但是冰川厚度在不断减薄，也呈现出分离的迹象。

由于近期冰川的连续亏损，该冰川的平衡线高度波动范围介于5330～5540 m，在有些年份（如2008/2009年），平衡线甚至高于冰川主体，冰川绝大部分区域处于消融区。图3.19显示了帕隆94号冰川表面年际尺度不同高度的亏损幅度和其年际整体亏损量及累积损失量的变化。

为了探明帕隆94号冰川的冰储量及未来的变化趋势，2018年9月，我们利用加拿大探测器与软件公司（SSI）的Pulse EKKO 100型探地雷达（GPR）对该冰川进行了厚度测量，共完成了一条纵线和五条横剖面的测量工作（图3.20）。图3.20显示一条长约

(a)　　　　　　　　　　　　　　　　　　　　(b)

图 3.18　帕隆藏布源头帕隆 94 号冰川 2006 年 6 月（a）和 2018 年 9 月（b）照片对比

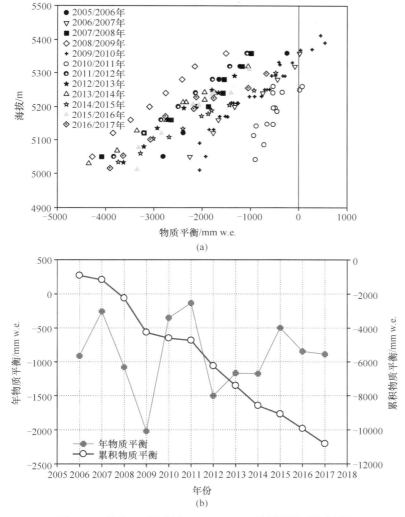

(a)

(b)

图 3.19　帕隆 94 号冰川 2005 ～ 2017 物质平衡观测结果

（a）表示不同年份不同海拔的物质平衡量；（b）表示整条冰川年际物质平衡与累积冰量损失过程曲线

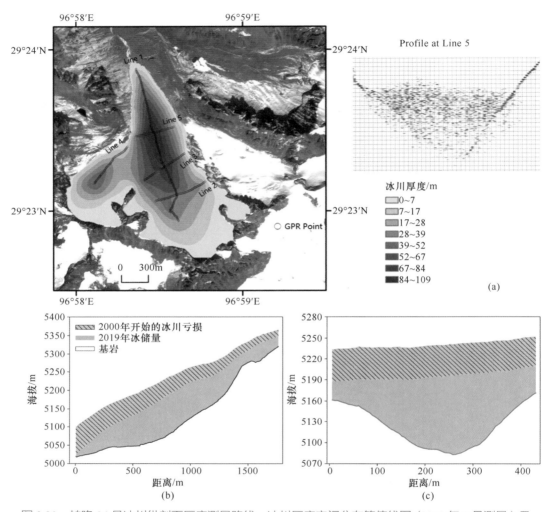

图 3.20　帕隆 94 号冰川纵剖面厚度测量路线、冰川厚度空间分布等值线图（2018 年 9 月测量）及
冰川厚度沿横剖面 Line 5 的分布图

1.75 km 的纵剖面的冰川厚度分布情况。从图 3.20 中可以看出，冰川最厚处约 109 m，分布在冰川中上部，距冰川末端 1.2～1.3 km 处。利用 ArcGIS 地理信息处理软件对 5 条测线共 874 个测点的数据进行空间插值后，获得了帕隆 94 号冰川厚度的整体空间分布图（图 3.20）。通过计算，冰川的平均厚度约为 26.1 m，冰储量为 0.0466 km^3。结合 2006～2017 年冰川物质平衡观测的累积约 11 m w.e. 的损失量可知，该冰川即使在现有气候保持不变的情况下，快速消融也会使得其命运岌岌可危。

3.3.3　帕隆 12 号冰川变化

帕隆 12 号冰川（29.303°N，96.90179°E，中国冰川编目：5O282B0012）是一个小型的冰斗冰川，面积小于 0.5 km^2。通过对比 1980 年的 1∶5 万地形图（航空摄影绘制）

和 2005 年 9 月 8 日中巴资源卫星影像资料可以看出，20 多年来，帕隆 12 号冰川经历了强烈的冰川萎缩（图 3.21），冰川末端已经退缩了约 700 m，面积约减少了 55.3%（杨威等，2008）。与 1980 年相比，2005 年帕隆 12 号冰川已经分为两支，而且在两支冰川的末端分别形成面积大小不同的高位冰碛湖。

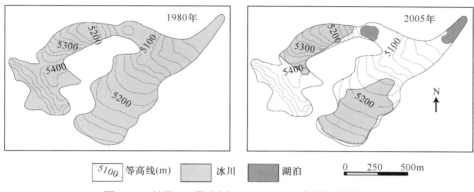

图 3.21　帕隆 12 号冰川 1980 ～ 2005 年的面积变化

从 2006 年起，开始在帕隆 12 号冰川右支表面布设五根消融测杆，进行冰川物质平衡的监测。图 3.22 显示了 2006 ～ 2017 年该冰川的年际冰量损失及累积损失量。在过去的 11 年间，该冰川的年均冰量损失大约为 1.6 m，总累积损失冰量达到了约 18 m w.e.。

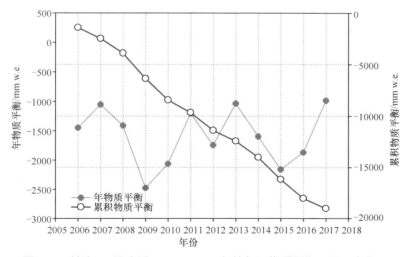

图 3.22　帕隆 12 号冰川 2006 ～ 2017 年的年际物质平衡和累积变化量

在 2007 年 6 月，利用探地雷达对帕隆 12 号冰川右支进行了厚度测量。冰川厚度剖面图显示，实际上该冰川已经分为两部分，一部分为位于冰斗外围的下覆死冰，另一部分则为保留在冰斗里的暴露冰体，其中冰川最厚处约为 40 m[图 3.23（a）]。2018 年 9 月，利用同一型号的雷达再次对该冰川进行了厚度测量 [图 3.23（b）]。冰川最厚处由原来的 40 m 减薄为 23 m，表明在过去的 11 年间，冰量减少了 50%。这个结果与冰川

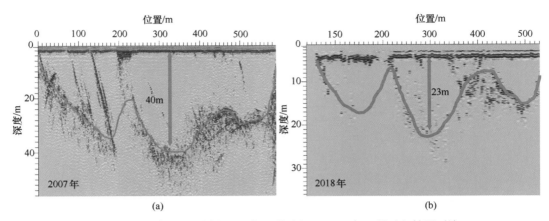

图 3.23 帕隆 12 号冰川 2007 年 6 月（a）和 2018 年 9 月（b）结果对比

物质平衡实测资料相一致。由于该冰川最高处仅为 5250 m，而冰川平衡线在然乌湖地区为 5400 m 左右，说明该冰川处于净消融状态，即一直处于连续的亏损状态。基于 2006 年以来冰体物质平衡观测以及 2007 年和 2018 年冰体厚度数据，即使维持现在的气候状况，估算出帕隆 12 号冰川右支也可能在未来的 20 年内消失。

2007 年 8 月对帕隆 12 号冰川进行了拍摄（图 3.24）。2018 年 9 月进行考察时，再次进行了拍摄。虽然受山谷里积雪的影响，但是从这些照片判断，该支冰川同样经历了明显的面积和体积减少。

(a)2007年8月　　　　　　　　　　(b)2018年9月

图 3.24 帕隆 12 号冰川的照片

3.3.4 波密 24K 冰川变化

24K 冰川末端延伸到海拔 3900 m 处，两侧发育有较为明显的小冰期侧碛垄（图 3.25）。由于受到水汽通道的影响（图 3.26），冰川区的年降水量可达到 2000 ~ 2500 mm，冰川附近发育大量原始森林。24K 冰川是典型的雪崩补给型冰川，雪崩发生

图 3.25　波密附近 24K 冰川表碛区整体情况（无人机航拍）

图 3.26　水汽沿墨脱河谷翻越岗日嘎布山脉进入 24K 冰川

在粒雪盆后壁，每年 4 ～ 6 月是主要补给期。冰川表面河道较少，但冰下排水系统发育，融水沿冰裂隙进入冰下排水系统，在冰川末端泄出。冰川表面在海拔 4000 m 以下发育有大量的冰崖，导致冰川表面呈现较大的地形起伏。

2015 年起，对该冰川进行了系统的冰川 – 气象 – 水文观测，在冰川表面架设 1 套气象站，监测冰川表面水热状态及消融能量组成；同时，开展了不同高度带冰川消融量及表碛厚度观测，并利用无人机、差分 GPS 等进行了冰面高程和表面运动速度等观测。

20 世纪 80 年代开展南迦巴瓦峰登山综合科学考察时，曾经对该冰川进行了描述。"嘎隆拉北坡 2 号冰川南侧雪崩雪延伸到海拔 3900 m 左右的表碛区，1982 年 8 月和 1983 年 9 月均曾观测到该冰川海拔 3900 m 处雪崩雪厚达 3 m 以上，显然，无论作为季节性积雪还是多年性积雪，它们对冰川物质平衡均具积极的作用"（中国科学院登山科学考察队，1996）。将 20 世纪 80 年代拍摄的照片（时间段为 1982 ～ 1984 年）和 2018 年 9 月照片对比可以看出，24K 冰川末端发生了明显的后退。通过两期冰川末端的对比，发现在 1983 ～ 2018 年，24K 冰川退缩了约 142 m，平均每年的退缩量为 4 m（图 3.27）。同时，从照片对比也可以看出，冰川厚度呈现明显的减薄。

(a)　　　　　　　　　　　　　　　　(b)

图 3.27　嘎隆拉 24K 冰川 1982 ～ 1984 年拍摄的照片（a）（中国科学院登山科学考察队，1993）与 2018 年 9 月照片（b）对比

通过对比 2008 年 7 月和 2018 年 9 月的照片，发现这一期间该冰川末端后退了约 95 m，平均每年退缩约 10 m。通过对标志点位置高程的判读，发现冰川末端表碛覆盖处的冰量减薄约 19 m，估算每年末端冰川厚度减薄约 1.9 m（图 3.28）。

我们于 2012 年开始在该冰川开展了连续的物质平衡观测。通过 5 年来的物质平衡观测，发现该冰川处于严重的物质亏损状态，5 年间冰量损失累积达到 10 m w.e.（图 3.29）。由于该冰川为表碛所覆盖，表碛厚度对于冰川的消融及物质平衡造成一定的影响。冰川末端为厚层表碛覆盖，冰川消融损失较小，而在冰川中部薄层表碛覆盖区域，冰川消融及冰量损失幅度较大。裸露冰崖在冰川中部的存在，形成许多强烈消融的区域，对于冰量的损失有较大贡献。

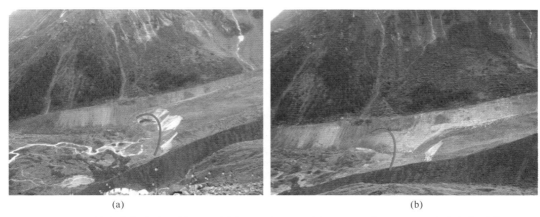

图 3.28　帕隆藏布表碛覆盖 24K 冰川 2008 年 7 月（a）和 2018 年 9 月（b）末端变化对比

图中的红线为 2008 年 7 月时的末端位置

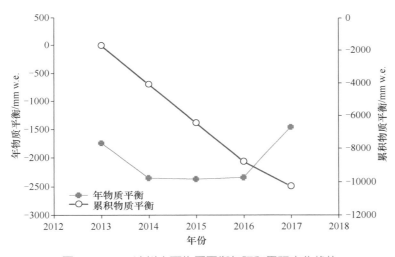

图 3.29　24K 冰川表面物质平衡年际和累积变化趋势

3.3.5　帕隆 4 号冰川变化

2006 年在帕隆 4 号冰川末端布设固定观测标志点。2018 年第二次青藏科考时再次进行冰川末端位置的测量，发现在这一期间内，该冰川末端已经退缩了 157 m，年均退缩量达到 13 m，而且冰川末端冰舌厚度也发生明显的减薄（图 3.30）。通过吴坤鹏等（2017）研究，1980 ~ 2000 年冰川年均损失量为 0.29 m w.e.，而 2000 ~ 2014 年为 0.65 m w.e.，冰川损失呈现明显的加速状态。

2006 年 6 月，在该冰川粒雪盆海拔 5450 m 处钻取了浅冰芯，发现该处的年积累量达到 2000 mm w.e. 以上，表明该冰川中上部具有较高的积累量。从整体趋势来看，该冰芯 8 年的积累量记录也显示了明显的降低趋势（图 3.31），特别是从 2002 年以后，净积累量的减少明显加剧。

(a)2006年   (b)2018年

图 3.30   藏东南帕隆 4 号冰川 2006 年和 2018 年末端变化情况

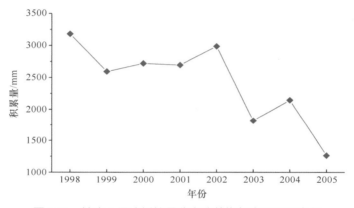

图 3.31   帕隆 4 号冰川粒雪盆内冰芯恢复净积累量变化

此外，在帕隆 4 号冰川左侧有一支小的冰斗冰川，通过 2007 年和 2018 年两期野外照片的对比也可以看出，该冰川的冰量发生明显的变化，冰舌末端厚度大约减少了 20m（图 3.32）。

(a)   (b)

图 3.32   帕隆 4 号左侧冰川 2007 年（a）和 2018 年（b）冰川末端变化对比

3.3.6 帕隆 390 号冰川变化

帕隆 390 号冰川（97.019096°E，29.356858°N，中国冰川编目：5O29B0390）也位于藏东南然乌湖流域，是一条冰斗冰川，朝向东南，最高处 5556 m，末端 5160 m，冰川总面积 0.53 km²。2007 年起我们对该冰川开展了冰川物质平衡和冰川末端后退状况观测。2007 年 7 月在冰川末端冰体与基岩交界地点设置标志点，之后的观测发现冰川末端持续不断后退。截至 2018 年 9 月，该冰川末端已经退缩了 86 m，年均退缩量为 7.8 m（图 3.33）。2018 年，我们还利用探地雷达对该冰川的厚度进行了测量。

图 3.33 帕隆 390 号冰川 2007 年（a）和 2018 年（b）冰川末端退缩情况

从 2007 年起，在帕隆 390 号冰川表面布设 5 个消融测杆点进行年际尺度的物质平衡观测。从 2007 ～ 2018 年的观测结果来看，该冰川一直处于亏损状态，其中 2009 年亏损幅度最大，2007 年和 2011 年相对较小。2007 ～ 2018 年，冰川的物质亏损量累计约 11 m w.e.，年均亏损量约为 1.05 m w.e.（图 3.34）。

从 2014 年起，为了从更高精度分析藏东南冰川的物质平衡变化过程，对帕隆 390 号冰川开展了月尺度的冰川表面的物质平衡观测，冬季主要测量冰川表面积雪厚度的变化，夏季主要测量冰川表面 5 根测杆的消融刻度变化，从而计算得到冰川月季尺度的物质平衡波动情况，详细揭示该冰川的连续物质补给和亏损过程（图 3.35）。

3.4 无人机测绘在典型冰川变化中的应用与初步结果

3.4.1 无人机测绘方法

无人机航测系统是以无人机为飞行平台，利用高分辨率相机系统获取遥感影像，通过空中和地面控制系统实现影像的自动拍摄和获取，同时实现航迹规划、监控信息数据压缩和自动传输影像预处理等功能，是具有高智能化程度、稳定可靠、作业能力强的低空遥感系统。在喜马拉雅山南坡里绒冰川（Lirung Glacier）进行过无人机航测（Immerzeel

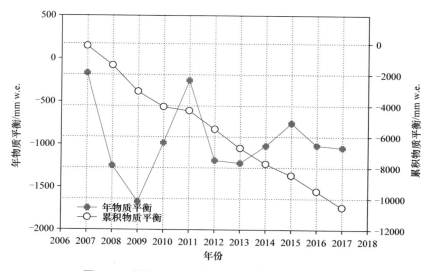

图 3.34　帕隆 390 号冰川年际和累积物质平衡变化

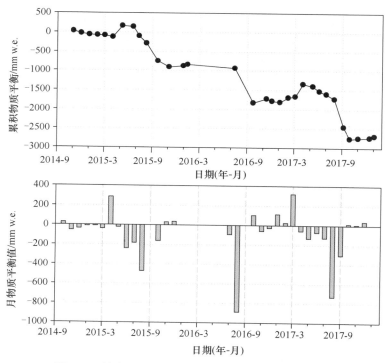

图 3.35　帕隆 390 号冰川月尺度的物质平衡观测结果

et al.，2014；Kraaijenbrink et al.，2016）。利用无人机航测系统进行青藏高原代表性冰川体积、运动速度、表面温度等的航空测量，弥补了实测方法（测杆法）的时空代表精度差以及卫星遥感手段空间精度差的不足，从而实现大面积、高效率的冰川变化的监测及冰川灾害等的危险性评价研究（图 3.36）。

(a)　　　　　　　　　　　　　　　(b)

图 3.36　藏东南地区无人机航测试验

(a)eBee Plus 无人机；(b) 固定点 GPS 静态采集

　　利用冰川区的无人机数据，基于多源 DEM 法来获取冰川的厚度变化信息。首先，将不同源的无人机影像 DEM 数据转换到统一的坐标系和高程参考系下；然后，通过建立地形数据间的精确配准算法，对不同源的无人机地形数据进行精确配准，并进行配准误差估计；最后，根据无人机地形数据的特点进行高程误差纠正，进而高精度、高可靠性地提取青藏高原山地冰川的厚度变化。其技术路线图见图 3.37。

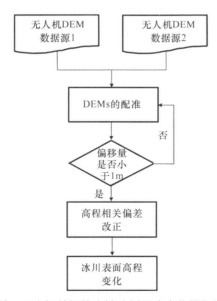

图 3.37　基于无人机数据的山地冰川厚度变化提取技术路线图

　　其关键步骤如下：1）无人机 DEM 数据空间分辨率、坐标及参考椭球的统一。

　　通过三次卷积，将两期无人机 DEM 数据采样为相同的空间分辨率，并转换为统一的空间参考：WGS_1984_UTM_zone_46N。

2）两期无人机 DEM 数据的配准。由于无人机在飞行期间存在不稳定的现象，获取的高程数据存在错误与误差，并且 DEM 的后期处理还会导致水平位移的发生，因此在计算冰川表面厚度变化之前，需要对两期 DEM 数据进行精确配准。通过两期 DEM 数据非冰区高程差值与坡度正切值的比值和坡向间的余弦关系，利用最小二乘方法求得水平偏移量，然后根据求得的偏移量对偏移的 DEM 数据进行平移，直到水平偏移量小于 1 m，便可实现精确的配准。

3）高程相关误差修正。冰川区和非冰川区都存在与高程相关的偏差，即两期 DEM 之间的高程差值 d_h 会随着高程的增大而变化，通常认为在稳定非冰川区域内是不存在高程变化的，因此需利用非冰川区的高程误差来对冰川区进行校正。研究发现，d_h 与最大地形曲率之间的函数关系在冰川和非冰川稳定区上相似，因此利用非冰川稳定区域的上述曲线关系来校正冰川区的高程相关偏差。

3.4.2　无人机测绘在藏东南若干冰川区的应用与进展

1. 在表碛覆盖 24K 冰川区的应用

2017 年 12 月和 2018 年 9 月，利用 eBee Plus 固定翼无人机，结合地面 GPS 静态数据采集进行 PPK 后差分处理，利用全自动快速无人机数据处理软件 Pix4Dmapper 形成三维点云、DEM 和正射影像图，通过两期对比，从而可以估算冰川的面积、体积、运动速度等的变化。

从图 3.38 图中可以看出，整个 24K 冰川表面高程变化呈现明显的空间不均一性，这是以往采用表面测杆很难反映的现象，特别是在表碛厚度不均一的冰川表面。表面高程变化较大的区域发生在冰川末端冰崖区，以及冰川中部冰崖区。冰川末端由于持续的后退和坍塌，原来是冰川覆盖区域已经变成裸露的基岩，其高程变化可达 20 m 左右。而在冰川中部的冰崖分布区也可以明显看到冰川强烈减薄，高程变化与冰崖空间分布高度吻合（图 3.39），冰崖区的高程变化量达到 6 m 以上。冰崖区高程的强烈变化一方面受到周边表碛区长波辐射的影响，冰崖表面的消融能量明显高于非冰崖地区；另一方面，冰崖本身的后退也导致高程改变（图 3.40）。以一个坡度为 60° 的冰崖为例，如果假设周边表碛加热大气及太阳辐射的影响下，冰崖本身垂向消融导致的冰崖面后退 5 m，那么根据三角关系推算，由冰崖后退导致的该处垂向高程的变化量则为 10 m。因此，利用两期 DEM 数据进行高程比较时，通常在冰崖发育区显示出显著的高程变化。而在表碛较厚及冰崖分布较少的区域，其消融变化整体呈现出随表碛厚度变化而变化的格局：厚表碛覆盖区域消融量较小，而在冰川中部表碛向裸露冰川过渡区域，由于薄表碛的吸热作用，冰川消融明显增强。

此外，表碛覆盖区冰川运动速度的变化及冰川表面冰崖的消融变化，也会导致 24K 冰川表面高程变化的空间差异。从图 3.38 中也可以看到一些规律：每一个冰崖正对面会形成一个相对于 2017 年高程而言的一个增量（图中绿色部分）。事实上，这一

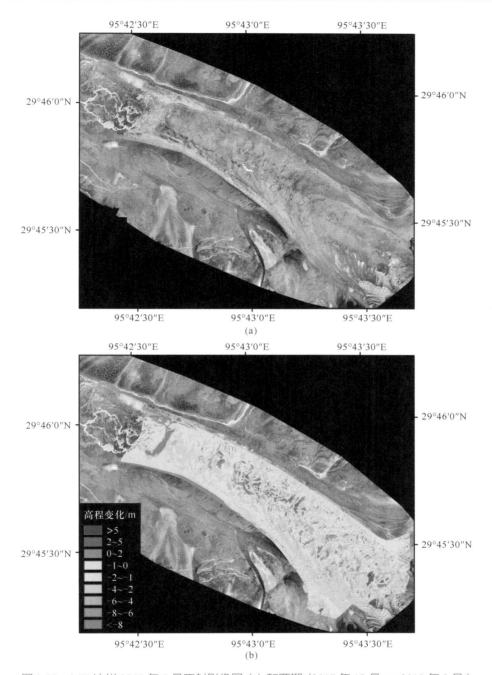

图 3.38 24K 冰川 2018 年 9 月正射影像图（a）和两期（2017 年 12 月 vs. 2018 年 9 月）
冰川表面高程的变化（b）

变化反映出，原来冰崖集中的位置，可能由于 24K 冰川冰体的整体向下运动，冰通量
得到补充，从而使得该位置的高程增加。最典型的为冰川中上部一个表碛小丘的运动，
导致 2018 年的高程出现明显的负－正变化。通过这种负－正模式高程的变化格局，也

图 3.39 冰川中下部——冰崖（a）和冰川中上部——表碛（b）厚度减薄

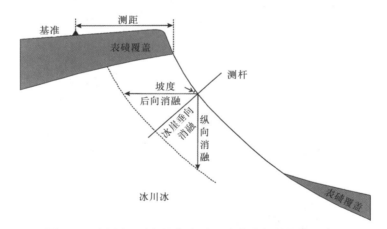

图 3.40 冰川表面实测测杆与高程变化之间差异的示意图

可以大致判断该冰川的运动速度及空间分布。据估算，该冰川年平均运动速度在 30 m 以下，冰川中部运动速度明显高于两侧。

2. 在表碛覆盖的 23K 冰川区的应用

2017 年 12 月和 2018 年 9 月，同样利用 eBee Plus 固定翼无人机结合地面 GPS 静态数据，对 24K 冰川正对面的 23K 冰川进行了测绘工作，从而生成了两期的三维点云、高精度 DEM 和正射影像等数据（图 3.41）。

与 24K 冰川相类似，该冰川表面消融呈现明显的空间不均一性，整体体现在冰川

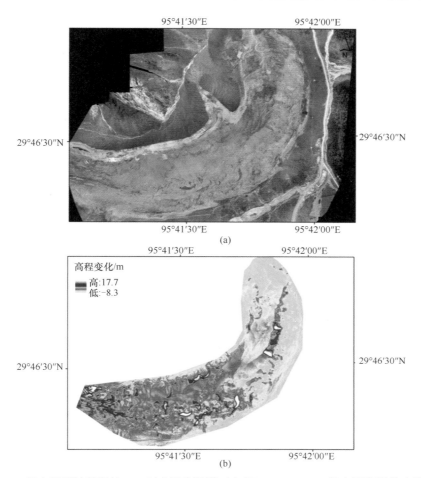

图 3.41　无人机测绘获得的 23K 冰川正射影像（a）和 2017 ～ 2018 年表面高程的变化（b）

末端厚碛区消融量微弱，而在冰川中上部消融量增加，特别是在冰崖区，消融量出现明显的"热点"，即冰面高程明显降低。由于冰崖裸露，该倾斜面出现明显的消融后退，冰川表面因此呈现明显的高程变化。

3. 在帕隆 4 号冰川区应用

2017 年 9 月和 2018 年 9 月，分别利用 eBee Plus 无人机，结合地面站静态数据，经 PPK 后差分处理形成两期 DEM。通过两期 DEM 数据对比，获得了帕隆 4 号冰川表面高程的空间变化（图 3.42）。从图 3.42 中可以看出，整体上从冰川末端向上高程变化量逐渐减小，末端的高程变化量为 6 ～ 8m，向上逐渐减少为 2 ～ 4m。但在冰川中部的冰裂隙发育区，冰面高程发生明显的变化。原因是冰裂隙不断向前运动，冰裂隙位置发生变化，原来的裂隙区为冰川冰所代替，而原来冰川冰位置又被冰裂隙所覆盖。因此，冰面高程呈现明显的正负转换变化，这也部分说明该区域冰川运动速度变化相对较快（帕隆 4 号冰川的运动速度结果见 4.3 节）。·

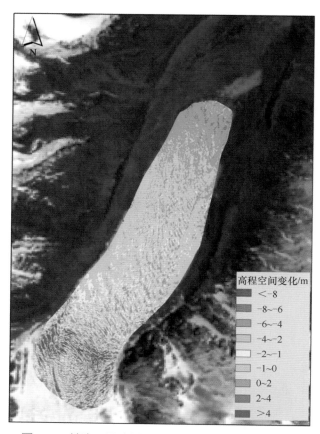

高程空间变化/m
<-8
-8~-6
-6~-4
-4~-2
-2~-1
-1~0
0~2
2~4
>4

图 3.42　帕隆 4 号冰川 2017 ～ 2018 年高程空间变化

第 4 章

冰川运动速度变化

冰川运动速度是指冰川表面质点相对于周围基岩参考点在单位时间内的位移，是冰川在重力作用下产生的内部变形、底碛变形、底部滑动等总和的反映。冰川运动速度是冰川动力学的基本参数之一，是冰川动力学建模的必需参数，对于研究和预测冰川变化具有重要的价值。藏东南地区气温较高，降水较多，海洋型冰川补给强烈，消融也强烈，其运动速度远高于大陆型冰川。近期的气候变暖和冰川加速消融，藏东南地区冰川的运动速度也发生相应的变化。

4.1 冰川运动速度研究意义

冰川对环境变化和气候变化极为敏感，是气候变化的指示器（Haeberli et al.，2002；Haeberli and Beniston，1998）。冰川运动的本质是冰体在自身重力作用下的近塑性变形或沿坡滑动，一方面表现出冰川上下部物质平衡的变化引起的物质分配，另一方面反映出冰川区气候和环境的变化。通过监测获取山地冰川运动速度，并分析其时空分异特征和变化规律，对于深入地研究冰川运动动力学具有宝贵的科学价值，同时，对预测和预防灾害、保护人民群众的生命财产安全也具有重要的现实意义。

我国学者先后对天山、阿尔泰山、祁连山、喀喇昆仑山、喜马拉雅山、念青唐古拉山以及横断山地区的部分冰川进行了冰川运动的观测研究（表4.1）。黄茂桓和施雅风（1988）、黄茂恒和孙作哲（1982）总结了我国冰川冰面运动的基本规律，即温冰川比冷冰川运动速度大；地理位置相同且形态相同的冰川，大冰川比小冰川的运动速度大；在横剖面上，冰川中心比冰川边缘运动速度大；在纵剖面上，冰川平衡线附近运动速度最大。冰川运动机理有冰川冰的变形、冰在冰床上的滑动和冰床本身的变形，而冰面运动是上述三种机理的集中表现。

表 4.1 2000 年以来不同区域代表性冰川运动速度对比

山脉	冰川名称	面积 / km²	观测时间	最大流速 / (m/a)	平均流速 / (m/a)	参考文献
天山中部	乌鲁木齐河源 1 号	1.84	2006～2008 年	5.1	—	（周在明等，2009）
天山中部	哈希根 51 号	1.48	1999～2001 年	3.05	—	（井哲帆等，2002）
天山托木尔峰南坡	科契卡尔	53.56	2009～2011 年	86.69	29.7	（鲁红莉等，2014）
天山托木尔峰南坡	青冰滩 72 号	3.7	2008～2008 年	73.4	47.1	（曹敏等，2011）
祁连山东段	水管河 4 号	1.86	2010～2012 年	7	5.2	（曹泊等，2013）
祁连山东段	宁缠河	0.74	2010～2012 年	3～4	2.8	（曹泊等，2013）
祁连山西段	老虎沟 12 号	20.4	2008～2009 年	32.4	—	（刘宇硕等，2010）
羌塘	普若岗日	422.58	2000 年 9～10 月	3.7	2.1	（井哲帆等，2003）
唐古拉山中段	冬克玛底	16.4	2007～2008 年	4	3.1	（周建民，2009）
喜马拉雅山	东绒布	46.27	1998～1999 年	32.3	—	（井哲帆等，2010）
祁连山	七一	2.76	2012～2013 年	12.84	7	（王坤等，2014）
横断山	贡嘎	25.71	2008 年	205	—	（Zhang et al.，2010）

除野外实地观测外，卫星遥感可以提供高分辨率、大尺度、长时间序列、可靠性高的观测数据，为监测冰川运动速度提供一种有效的方法。合成孔径雷达（synthetic aperture radar，SAR）不受限于天气和光照条件，可以在任何天气条件下定期获取研究区的雷达影像数据。利用 SAR 影像提取冰川运动速度主要基于雷达干涉测量法和偏移追踪法（Fang et al.，2016）。其中，差分干涉测量方法最先由 Goldstein 等在 1993 年利用 ERS-1 SAR 数据，在南极成功获取了垂直方向精度为 1.5 mm 和水平方向精度为 4 mm 的冰川运动信息（Goldstein et al.，1993）。差分干涉测量的应用，开拓了冰川运动速度监测的新局面，此后该项技术也被应用到山地冰川运动研究（Li et al.，2013，2014a；Zhou et al.，2014）。基于干涉的方法可以对冰川运动速度进行高精度的估计，但是这种方法受失相干影响较严重。与干涉测量法不同，偏移追踪技术通过对两幅已配准的不同时间 SAR 影像进行强度相关、特征匹配，获取偏移量来获得二维的速度场（Strozzi et al.，2002b）。由于不受时间去相干的影响，因此基于雷达图像偏移追踪技术是一个比较稳定的估计冰川表面速度场方法（Yasuda and Furuya，2013），并且广泛用于山地冰川运动速度提取中（Strozzi et al.，2002a，2008；李佳，2012；Yan et al.，2015；Satyabala，2016）。

虽然 SAR 可以在任何天气条件下定期获取研究区的雷达影像数据，但是数据获取渠道还相对较少，而且时间序列也较短。此外，由于轨道和波长等因素的影响，SAR 影像获取一年以上时间间隔运动速度存在一定困难。光学卫星遥感也是研究冰川运动速度非常重要的数据源。尤其是对多年长时间冰川运动速度研究，Landsat 系列卫星由于能提供长时间、短重访周期的地球观测影像，有利于提取和研究冰川多年运动速度（Nobakht et al.，2015；Sakakibara and Sugiyama，2015；Wilson et al.，2016；Scherler and Strecker，2017）。

4.2　冰川运动速度遥感监测方法

基于光学遥感影像进行冰川运动速度提取的方法主要有空间域的最大互相关算法和频率域的相位相关算法。由于最大互相关算法对影像局部灰度变化较敏感，且计算量较大，因此部分研究基于频率域相位相关法来提取冰川运动速度。针对冰川区气候、光照变化较大导致冰川区纹理变化较大而失相的情况，基于影像梯度生成复方向图，再对复方向图进行频率域相位相关的方法进行冰川运动速度提取。复方向图由影像梯度信息生成，具有光照不变性，而且在均匀区域梯度为零，其对应的方向图也为零，所以均匀区域将不会对相位相关产生影响，从而有效增加提取成功率，减少提取错误率。

利用基于方向图的频率域相位相关法获取冰川运动速度，首先需要进行一系列的影像预处理，包括影像配准、低通滤波、主成分分析等。在此基础上，基于主辅影像分别获得主辅影像的复方向图。设 f 为主影像，g 为辅影像，则主、辅影像的复方向图可以由式（4.1）～式（4.3）求得：

$$f_0(x,y) = \text{sgn}\left[\frac{\partial f(x,y)}{\partial x} + i\frac{\partial f(x,y)}{\partial y}\right] \tag{4.1}$$

$$g_0(x,y) = \text{sgn}\left[\frac{\partial g(x,y)}{\partial x} + i\frac{\partial g(x,y)}{\partial y}\right] \tag{4.2}$$

$$\text{sgn}(x) = \begin{cases} 0 & , \text{ if } |x| = 0 \\ \dfrac{x}{|x|} & , \text{ otherwise} \end{cases} \tag{4.3}$$

式中，$\text{sgn}(x)$ 为符号函数；i 为复数虚部单位；f_0、g_0 分别为主、辅影像的复方向图，实部由主、辅影像在 x 上的梯度组成，虚部由主、辅影像在 y 方向上的梯度构成。根据研究区冰川大小和运动速度，设置相应的参考窗口、搜索窗口大小，将复方向图 f_0、g_0 划分为大小适宜、具有一定重叠的格网，分别对主、辅影像的格网进行傅里叶变换获得其频谱，在频率域进行相位相关后再进行傅里叶逆变换，则互相关表面最大峰值 $P(x,y)$ 对应的位置 (x,y) 即冰川运动的速度量：

$$F_0(u,v) = \text{FFT}[f_0(x,y)] \tag{4.4}$$

$$G_0(u,v) = \text{FFT}[g_0(x,y)] \tag{4.5}$$

$$P(x,y) = \text{IFFT}\left[\frac{F_0(u,v)G_0^*(u,y)}{\left|F_0(u,v)G_0^*(u,y)\right|}\right] \tag{4.6}$$

根据相关表面最大值所对应的位置得到冰川的运动速度，只得到整像元级别的精度。为了获得亚像元级别的精度，采用正交抛物线函数对相关表面进行拟合。若 $P(x_m, y_m)$ 为最大互相关值，(x_m, y_m) 为互相关最大值在格网上的像元位置，在 x 方向两个相邻像元的位置为 $(x_m - 1)$ 和 $(x_m + 1)$，y 方向上两个相邻像元的位置分别为 $(y_m - 1)$ 和 $(y_m + 1)$，则通过拟合一条经过这三个像元的抛物线，可以获得 x 方向亚像元运动速度 $\text{d}x$ 和 y 方向的亚像元运动速度 $\text{d}y$，如式（4.7）、式（4.8）所示：

$$\text{d}x = \frac{P(x_m+1, y_m) - P(x_m-1, y_m)}{2\left[2P(x_m, y_m) - P(x_m+1, y_m) - P(x_m-1, y_m)\right]} \tag{4.7}$$

$$\text{d}y = \frac{P(x_m, y_m+1) - P(x_m, y_m-1)}{2\left[2P(x_m, y_m) - P(x_m, y_m+1) - P(x_m, y_m-1)\right]} \tag{4.8}$$

可以通过互相关最大值及其两侧最近的互相关值来拟合正交抛物线函数，从而获得亚像元精度的冰川运动速度量，如图 4.1 所示。

对于 Landsat 5 影像，运动速度提取的参考窗口设置为 32 像素 ×32 像素，搜索窗口设置为 64 像素 ×64 像素，步长设置为 8 个像素。对于 Landsat 7 和 Landsat 8 影像，参考窗口设置为 64 像素 ×64 像素，搜索窗口设置为 128 像素 ×128 像素，步长设置为 16 个像素。

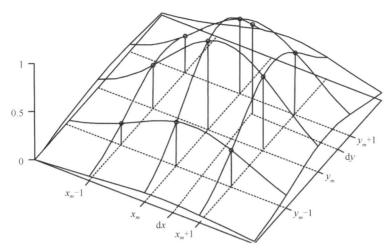

图 4.1 抛物线拟合获取亚像元精度示意图

由于受到云层、阴影等影响，基于频率域互相关算法提取的运动速度会出现错误或空洞的情况，因此提取出运动速度后，还需进行后处理，进一步剔除错误结果。由于冰川积累区被常年积雪覆盖特征值不明显，可能提取出错误的运动速度值或空值。因此，首先利用修改后的冰川边界矢量大致裁剪出冰川消融区的运动速度，然后再利用中值滤波去除大于 3×3 像元窗口内 2 倍标准差的运动速度值。其次，为了确保运动速度的准确性，还对滤波结果进行细致的人工检查，进一步剔除明显的异常值。

运动速度的不确定性依赖于两景影像的配准精度和频率域相位相关算法的精度（Turrin et al.，2013a，2013b）。本书使用的 Landsat 影像均为经过正射校正的 L1T 产品，并对影像进行配准，以达到子像元配准精度。由于没有实测数据，通常通过统计非冰川区位移来衡量两景影像配准的精度（Heid and Kääb，2012；孙永玲等，2016；Wilson et al.，2016）。频率域相位相关算法的不确定性约为 1/10 个像元（Heid and Kääb，2012）。因此，根据误差传递理论，运动速度的不确定性可以由两者平方和的平方根来表示，为 3～15 m/a。

4.3 藏东南代表性冰川运动速度及变化趋势

4.3.1 雅弄（来古）冰川运动速度时空变化分析

雅弄冰川（96°43′E，29°20′N，中国冰川编目 5O282B0037），又称来古冰川，位于青藏高原东南部念青唐古拉山东段的嘎日岗布山，是藏东南地区规模最大的海洋型冰川之一（图 4.2），由一条主冰川与两条分支组成，冰面上表碛较少。受气候变暖的影响，雅弄冰川物质量损失较严重，冰川末端湖面积不断增大（Yao et al.，2010；Wu et al.，2018）。

图 4.2　藏东南然乌湖地区雅弄冰川照片

基于 1995 ～ 2017 年长时间序列的 Landsat 系列影像，以约一年时间间隔来估算雅弄冰川每年的表面运动速度。其中，1995 ～ 2011 年使用的 Landsat 5 影像、2011 ～ 2014 年使用的 Landsat 7 影像、2014 ～ 2017 年使用的 Landsat 8 影像中，所有 Landsat 影像均为经过正射校正的 L1T 产品。为了便于分析，人工选择了 5 个位于冰川不同区域的点并分别标记为 *A*、*B*、*C*、*D*、*E*（图 4.3）。

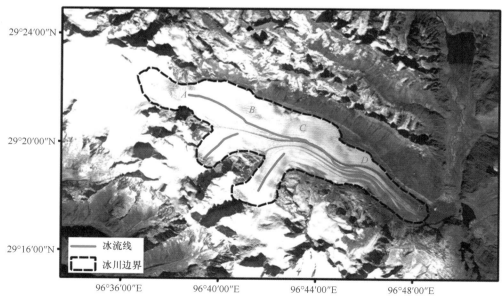

图 4.3　雅弄冰川研究区域图

1. 雅弄冰川运动速度空间变化

基于频率域相位相关法提取出了雅弄冰川 1995 ～ 2017 年冰川运动速度 (图 4.4)。由于受云、多年积雪覆盖、光照条件、阴影以及较长的影像间隔等综合因素的影响，冰川运动速度结果中有缺失的部分。

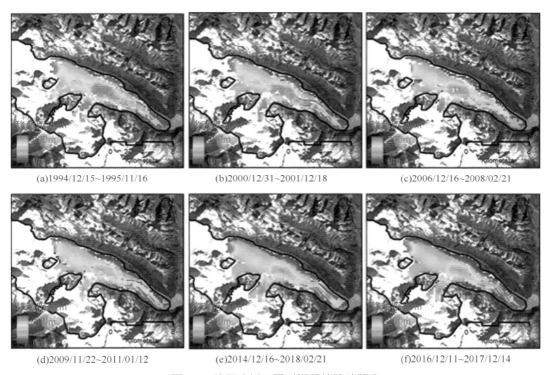

(a)1994/12/15～1995/11/16　　(b)2000/12/31～2001/12/18　　(c)2006/12/16～2008/02/21

(d)2009/11/22～2011/01/12　　(e)2014/12/16～2018/02/21　　(f)2016/12/11～2017/12/14

图 4.4　雅弄冰川不同时间段的移动距离

为了更好地分析冰川运动速度的空间变化，将研究时段内的运动速度结果取平均。从图 4.5(a) 中可以看出，冰川运动速度由中间向边缘逐渐减小，分支 1(*B* 点处) 的运动速度比分支 2(*C* 点处) 的要小。提取平均运动速度图的中心剖面线的运动速度，并利用 SRTM DEM 提取出相应的坡度，做出剖面图。由图 4.5(b) 可以看出，运动速度与坡度具有较好的一致性，但还受到其他因素的综合影响。*A* 点的运动速度为 180 m/a，对应较大的坡度。由 *A* 点开始运动速度下降，在 *B* 点处后稍微上升形成一个小峰，这是 *B* 点处的坡度以及分支 1 与冰川主干交汇造成的。分支 2 与冰川主干交汇使得运动速度在 *C* 点处形成一个更高的峰，此后运动速度开始下降。值得注意的是，在冰川末端的 *E* 点处运动速度仍大于 70 m/a。冰湖接触型冰川末端的运动速度通常较大，主要是冰湖的存在加速了湖面以下冰川的物质损失，且上游冰川加速补充所导致的（Quincey et al.，2009；Scherler and Strecker，2017；Li et al.，2013；Yang et al.，2014）。

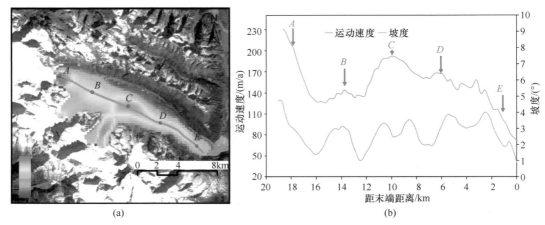

图 4.5　雅弄冰川多年平均运动速度图（a）以及中心剖线与坡度图（b）

2. 雅弄冰川运动速度的时间变化特征

为了分析雅弄冰川运动速度的多年变化，提取所有运动速度的中心剖面并提取选择的 5 个点的运动速度，以 1995 ~ 2011 年为一个时间段，分别作出这 5 个点的运动速度散点图并进行线性拟合（图 4.6）。可以看出，这 5 个点的运动速度均有非常显著的下降趋势。其中，A 点处的运动速度呈减缓趋势（$R = -0.79$，$P = 0.0002$），下降总幅度约 26 m/a，B 点（$R = -0.84$，$P < 0.0001$，下降总幅度约 25 m/a）、C 点（$R = -0.89$，$P < 0.0001$，下降总幅度约 32 m/a）、D 点（$R = -0.83$，$P < 0.0001$，下降总幅度约 33 m/a）和 E 点（$R = -0.75$，$P = 0.0081$，下降总幅度约 30 m/a）也具有相同的趋势。

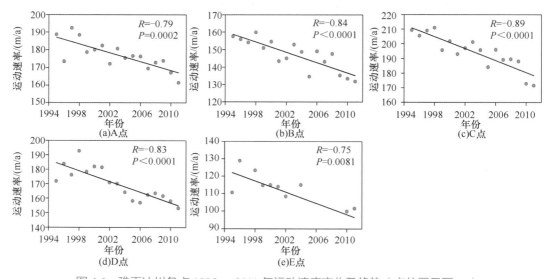

图 4.6　雅弄冰川各点 1995 ~ 2011 年运动速度变化及趋势（点位置见图 4.5）

2011 ~ 2017 年为一个时间段，分别作出这 5 个点的运动速度散点图并进行线性拟合，结果如图 4.7 所示。可以看出，这 5 个点的运动速度均有明显上升的趋势。其

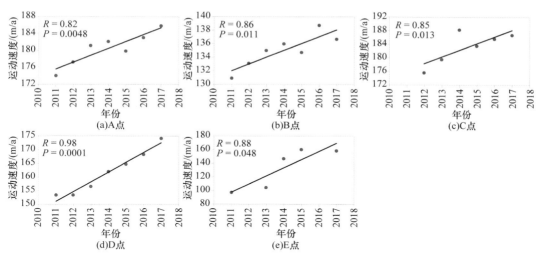

图 4.7　雅弄冰川各点 2011 ～ 2017 年运动速度变化及趋势（点位置见图 4.5）

中，A 点处的运动速度呈上升趋势（$R = 0.82$，$P = 0.0048$），上升总幅度约 10 m/a，B 点（$R = 0.86$，$P = 0.011$，上升总幅度约 6m/a）、C 点（$R = 0.85$，$P = 0.013$，上升总幅度约 17m/a）、D 点（$R = 0.98$，$P = 0.0001$，上升总幅度约 22 m/a）和 E 点（$R = 0.88$，$P = 0.048$，上升总幅度约 70 m/a）也具有相同的趋势。

由于冰川运动对气候变化敏感，因此利用距离雅弄冰川约 100 km 的两个气象站点（波密站和察隅站）的气象数据分析冰川变化与气候变化的关系。由于雅弄冰川位于两个气象站点的中间，因此以两个气象站点数据的平均值作为分析的依据（这里不考虑海拔的影响）。由图 4.8 可以看出，1995 ～ 2017 年，气温显著上升（$R = 0.55$，$P = 0.0063$），上升率为 0.35℃ /10a。1995 ～ 2017 年，降水量下降趋势，但不太显著（$R = -0.17$，$P = 0.45$）。因此，推测 1995 ～ 2011 年，冰川运动速度的下降可能与该时间段内气温显著上升和降水显著下降导致的物质补给减少有关，而 2011 ～ 2017 年冰川运动速度上升则可能是这个时间段降水的非显著性增多所导致的。

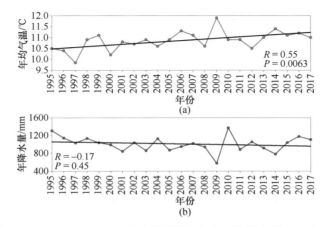

图 4.8　1995 ～ 2017 年雅弄冰川附近年均气温和降水量变化及趋势

Dehecq 等（2019）通过分析 Landsat 遥感图像提取青藏高原及周边地区冰川运动速度，发现 2000 ～ 2017 年藏东南地区冰川运动速度的减缓趋势非常明显（图 4.9）。在过去的 18 年间，平均每 10 年减少幅度约为 6.4±0.2 m/10a，冰川运动速度减小幅度达到 49% 左右。

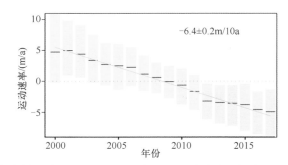

图 4.9　整个藏东南地区冰川 2000 ～ 2017 年的运动速度变化幅度（Dehecq et al.，2019）

4.3.2　珠西沟冰川近期运动速度

珠西沟冰川是一条典型的表碛覆盖型冰川（图 4.10），冰川表面分布有少量的冰面湖泊，末端表碛厚度超过 1.5 m。

图 4.10　利用无人机拍摄的珠西沟冰川末端

利用 Landsat 卫星遥感图像进行 2017 年和 2018 年冰川运动速度的提取（图 4.11）。从图 4.11 中可以看出，整个冰川的运动速度较慢，平均运动速度小于 20 m/a。20 世纪 70 年代，第一次青藏高原科考队在珠西沟冰川中部布设了运动速度测杆，发现冰川中部两杆测杆 1976 年 6 月 21 日～7 月 6 日半个月中平均运动速度分别为 13 cm/d 和 17 cm/d，7 月 6 ～ 21 日增加为 31 cm/d 和 26 cm/d，但此后到 8 月 19 日平均速度只有 3.8 cm/d 及 7.6 cm/d，由此估算年均运动速度约 49 m/a。通过对 1976 年和 2018 年冰川运动速度的对比，可以看出该冰川整体的运动速度明显变缓，减缓幅度也达到 50% 以上。这与藏东南冰川运动速度近期整体减缓的趋势相一致。

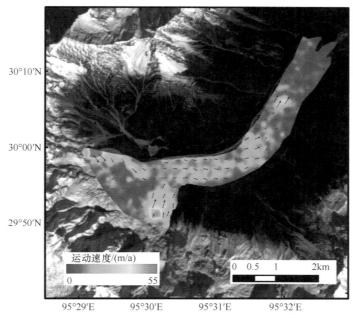

图 4.11　珠西沟冰川 2017 ～ 2018 年运动速度结果

4.3.3　阿扎冰川运动速度

基于星载 SAR 数据强度信息的像素跟踪（offset-tracking）算法，对阿扎冰川年时间尺度的运动速度进行了提取（图 4.12）。该方法对 SAR 数据时间基线和空间基线要求低，能够获取覆盖整个冰川表面的运动分布，且基本不受失相干因素的影响和冰川表面运动速度梯度的影响，是利用 SAR 数据估算冰川表面运动速度的有效方式。

根据计算结果发现，该冰川 2016 ～ 2017 年运动速度介于 10 ～ 160 m/a，冰川表面的运动速度呈现出非常明显的空间特征：冰川的上部运动速度较慢，随着海拔的降低，冰川中上部的运动速度明显加速，部分区域的运动速度接近 160 m/a；但是到了冰川中部的拐弯处，冰川突然转向，导致冰川的运动速度大幅下降，从冰川中下部一直到冰川的冰舌区域，下降比较明显，冰川运动速度基本维持在 40 m/a 左右。冰川流动

图 4.12 阿扎冰川运动速度空间分布

方向沿冰川槽谷向下流动，运动速度较快的区域都集中在冰川高程落差比较大的区域，冰川中下部至冰舌区由于冰川的高程落差比较平缓，这个区域的运动速度比较慢。

在第一次青藏科考中，通过 1973 年 7 月 19 日～8 月 5 日短期冰川表面两个剖面测量，发现阿扎冰川平均日运动速度为 0.85～1.38 m，以此估算年运动速度介于 270～438 m。对比 1973 年和 2016～2017 年运动速度，可以看出，近 50 年来阿扎冰川运动速度发生明显的减缓，在同一位置上，其运动速度减缓幅度也超过 50%。

4.3.4 帕隆 4 号冰川运动速度

早在 2006～2007 年，井哲帆等曾经手持 GPS 对帕隆 4 号冰川表面测杆处运动速度进行估算，发现 2006～2007 年帕隆 4 号冰川的最大表面运动速度值为 86.3 m/a，位于冰舌的中上部（图 4.13），冰川运动的方向与冰川主流线的方向一致，运动速度从冰川中部向冰舌末端（速度值为 15.1 m/a）逐渐减小，具有一般山谷冰川的运动特征。将夏季观测到的冰川流速换算为年运动速度，并将与实际测量的周年运动速度相比较发现，夏季冰川表面运动速度要高出年运动速度 10%～30%（井哲帆，2007）。

2017 年 8 月 8 日和 2018 年 9 月 21 日，利用 NAVCOM 公司生产的 SF-3040 型号 GPS（单机精度为分米级）对帕隆 4 号冰川表面布设的四根测杆进行了测量（图 4.14），通过两期经纬度信息的变化获得了实测的冰川表面运动速度的变化（10～65 m/a）。同时，基于帕隆 4 号冰川的两期 3 m 精度的 Planet 遥感产品（2017 年 9 月 19 日和 2018 年 10 月 19 日），利用 Imgraft 程序对两幅图像进行匹配和计算，获得此时间段的冰川运动速度（图 4.15）。通过地面实测差分 GPS 两期（2017 年 8 月 8 日～2018 年 9 月 21 日）观测，

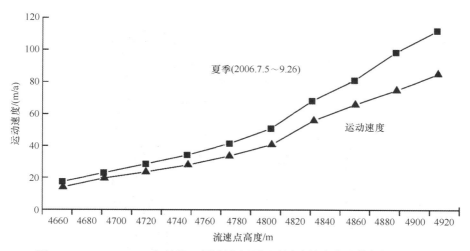

图 4.13　2006 ～ 2007 年帕隆 4 号冰川表面运动速度的变化（井哲帆，2007）

图 4.14　帕隆 4 号冰川 SF-3040GPS 测量测杆表面运动速度变化

可以在点尺度上得到准确的冰川运动数据。图 4.16(a) 为帕隆 4 号冰川两期观测点的位置图，根据观测点的位移情况，发现冰川运动速度随着海拔的升高而加快。图 4.16(b) 为冰川运动速度实测值和模拟值的对比，由于实测期的差异以及模拟误差的存在，实测值与模拟值不能达到非常严格的吻合，但数值基本保持一致，可证明 Imgraft 程序具有较好的模拟效果。

　　根据计算结果，发现该冰川的运动速度呈现明显的空间差异：冰川中上部的运动速度明显快于冰川末端，部分区域的运动速度超过 100 m/a，冰舌区的运动速度集中分

图 4.15 利用 Planet 遥感产品获得的 2017 年 9 月 19 日～ 2018 年 10 月 19 日的运动速度空间分布

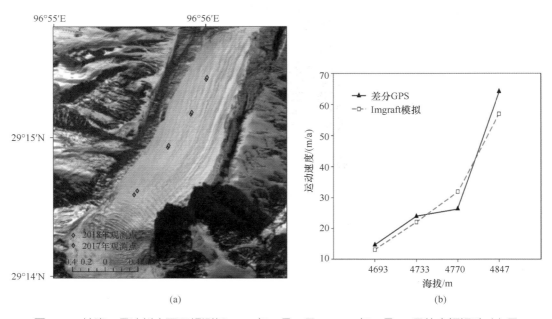

(a)   (b)

图 4.16 帕隆 4 号冰川表面四根测杆 2017 年 8 月 8 日～ 2018 年 9 月 21 日的空间运动（a）及
模拟与实测 GPS 数据（b）的对比

布在 30 m/a 以下。冰川沿槽谷向下流动，但在冰川中部运动速度与方向表现出杂乱的空间分布特征，这主要是因为这一区域为冰裂隙集中发育区。

4.3.5　波密 24K 冰川运动速度

基于 2017 年 12 月和 2018 年 9 月两期无人机飞行获得的影像，利用 Pix4D 处理软件生成正射影像，人工进行冰面标志点的位移读取，在 ArcGIS 软件中进行空间插值，从而得到 24K 冰川及其邻近冰川运动速度的空间变化（图 4.17）。从图 4.17 中可以看出，24K 冰川比其对面的 23K 冰川在末端更为活跃。24K 冰川末端运动速度介于 5 ~ 11 m/a，冰川中部运动速度高于两侧，靠近积累区运动速度较快，达到 15 m/a 以上，整个流向沿冰川方向向下流动。23K 冰川比较特殊，在冰川中上部非表碛覆盖区域冰川运动速度较快，达到 15 m/a 以上，但是在表碛覆盖区域运动速度快速减慢，基本处于停滞的状态。与帕隆 4 号冰川的运动速度对比，发现 24K 和 23K 这两条冰川的低速流动反映了冰川补给状态及其地形坡度的限制。

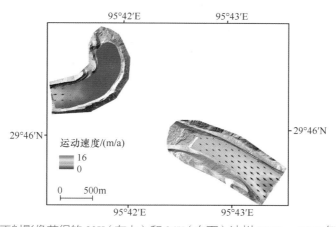

图 4.17　利用两期正射影像获得的 23K（左上）和 24K（右下）冰川 2017 ~ 2018 年运动速度空间分布

4.3.6　藏东南近期冰川运动速度的季节变化

通过现代卫星遥感、差分 GPS、无人机等高新技术，获得了藏东南地区阿扎冰川、雅弄（来古）冰川、珠西沟冰川、帕隆 4 号冰川以及 24K 冰川的现代运动速度，并与第一次青藏科考实测的记录进行了对比。限于第一次青藏科考的条件，冰川运动速度的观测集中在夏季有限的时间内（如阿扎冰川运动速度观测的时间为 1973 年 7 月 19 日 ~ 8 月 5 日，珠西沟冰川的观测时间为 1976 年 6 月 19 日 ~ 8 月 19 日），而近期观测的冰川运动速度多为年平均值。因此，对比冰川运动速度时，需要考虑其是否存在季节性的变化。为此，我们专门对雅弄冰川的运动速度开展了详细的研究。

沿雅弄冰川主轴线选取了 49 个点（图 4.18），基于 Landsat 系列影像，获得了这些点在不同季节的运动速度（图 4.19），发现除了最开始的几个点（点 1 ～点 6），雅弄冰川的运动速度在夏季（2017 年 6 月 10 日～ 9 月 14 日）和冬季（2017 年 11 月 25 日～ 2018 年 3 月 1 日）是一致的。

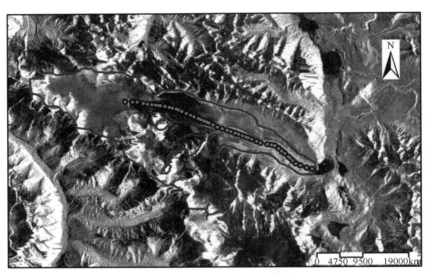

图 4.18 雅弄冰川运动速度的信息提取点

图的红点，从上部到下部共 49 个，依次编号；红线为冰川边界

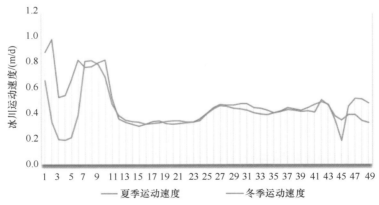

图 4.19 雅弄冰川冰面各点不同季节的运动速度

夏季：2017 年 6 月 10 日～ 9 月 14 日；冬季：2017 年 11 月 25 日～ 2018 年 3 月 1 日

对于点 1 ～点 6 在运动速度上的季节差异，我们进一步分析，发现这一现象出现在冰川上部一个陡坡的位置（图 4.20；图 4.5 中的 A 点处）。这一特殊的位置可能对季节变化（包括温度、降雪 / 积累量）更为敏感。但是，从整条冰川来看，陡坡毕竟只占该冰川总面积的小部分。因此，在整体上，雅弄冰川运动速度的绝对数值在不同季节没有量级上的差异。这一特征在西藏阿里地区的阿汝冰川也存在。根据阿汝冰川表面

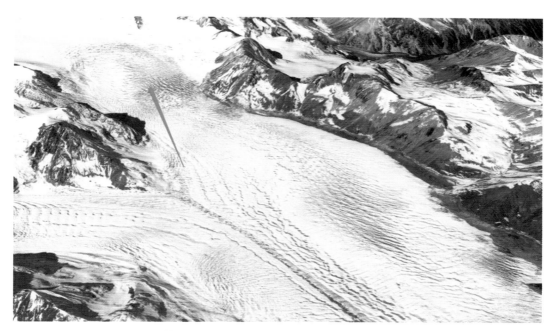

图 4.20　箭头所指为雅弄冰川运动速度冬夏季存在差异的位置

图 4.18 和图 4.19 中的点 1 ～点 6

运动速度的连续 GPS 测量（精度可达厘米级），发现在测量期（2017 年 1 ～ 8 月）内，冰川的运动速度基本保持不变。因此，可以认为藏东南地区冰川运动速度的季节性变化不明显，近期的测量结果完全可以同第一次青藏科考的实测结果进行对比，从而得出这一地区冰川的运动速度减缓。

第 5 章

藏东南冰川融水径流特征分析

青藏高原冰川是"亚洲水塔"的重要组成部分。冰川融水直接供给地表径流，影响下游的河流径流和湖泊水量，进而对水资源和水环境产生影响。在雅鲁藏布江流域，冰川融水对总径流的贡献估算有较大的差异，范围为 5.6% ～ 15.9%（Lutz et al.，2014；Su et al.，2016；Zhao et al.，2019）。这一较大的差异就要求我们对该地区的冰川及其融水的变化开展更多的观测和研究，而且需要考虑不同的冰川类型，包括非表碛覆盖型（裸冰）冰川和表碛覆盖型冰川，才能够深入认识这一地区的冰川水文过程和径流特征。

5.1 不同类型海洋型冰川的径流特征

藏东南地区存在表碛覆盖型与非表碛覆盖型的海洋型冰川，两类冰川的水文过程和径流特征存在明显的差异。2016 年起，在藏东南波密县城附近的 24K 冰川（表碛覆盖型）和然乌湖附近的帕隆 4 号冰川（非表碛覆盖型）同步建立了较为综合的冰川 – 气象 – 水文观测体系，开展了不同类型冰川的定点对比观测研究（图 5.1 和图 5.2）。

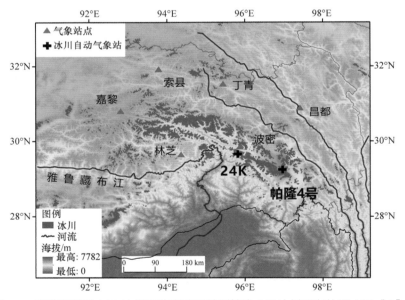

图 5.1　表碛覆盖型 24K 冰川和非表碛覆盖型帕隆 4 号冰川所在位置（黑"✚"）

这些野外观测工作内容主要包括：

（1）两类冰川表面消融能量及基础气象要素。通过在帕隆 4 号冰川表面 4800 m 处及 24K 冰川表碛覆盖区 3920 m 处各自架设一套自动气象站，同步获取两条对比观测冰川详细的气象和消融能量的观测数据（包括四分量辐射、风速风向、温湿度、气压、降水量、冰温 / 表碛层内温度等）。

（2）冰川表面消融强度和冰川径流。通过在两条冰川表面不同高度带布设消融测杆和开展差分 GPS 测量，获得了两条冰川不同高度、不同表碛厚度条件下的冰川消融

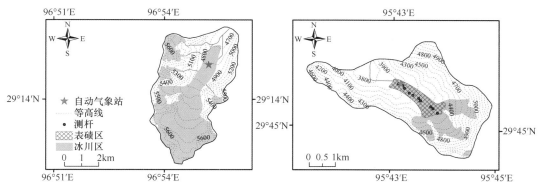

图 5.2　藏东南帕隆 4 号冰川（a）和 24K 冰川（b）开展的冰川 – 气象 – 径流观测体系

量数据；通过在各自冰川末端架设水位观测系统并进行多次径流 – 水位观测，获得了两条冰川末端连续的径流量数据。

（3）表碛厚度对冰川消融的影响。开展了 24K 冰川表碛厚度和 2 m 空气温度的强化观测，以 10 ～ 20 m 为间隔，人工测量表碛厚度，获得了 24K 冰川表碛厚度空间分布情况，通过在冰面架设 10 个气温探头 Tlogger，记录消融期不同表碛厚度和不同海拔高度的气温变化，获得气温随表碛厚度和海拔变化的规律。

通过对帕隆 4 号冰川（非表碛覆盖型）与 24K 冰川（表碛覆盖型）水文气象观测对比研究，揭示了两条冰川在水热发育条件及径流过程方面的差异。两冰川区在气温、相对湿度和入射长波辐射等方面具有较好的一致性，反映出区域尺度的气候特征。而在降水量、风速、入射短波方面，这两条冰川存在明显的差异（图 5.3），其中最显著的差异表现在降水量方面：帕隆 4 号冰川区 2016 年 5 ～ 9 月降水量仅约 290.7 mm，而同期 24K 冰川降水量高达到 1989.0 mm，是帕隆 4 号冰川区同期降水量的 7 倍左右。整体而言，帕隆 4 号冰川区处于相对冷干的气候条件，而 24K 冰川区则发育于相对暖湿的气候组合条件。

在截然不同的水热发育条件及冰川表面性质条件下，冰川流域出口径流过程曲线也呈现明显的差异（图 5.4）：帕隆 4 号冰川径流体现为典型的融雪（冰）过程，具有较大的日内变化幅度，日均径流量与日均气温呈现显著的指数关系；24K 冰川则表现为融水 – 雨水混合补给型，径流量日内波动幅度不明显，日均径流量与气温无显著相关性，而与降水量（入射长波辐射）呈现显著的线性 / 指数相关性。因此，藏东南降水空间差异及冰川表面性质不同将极大地影响冰川区径流过程，并对径流模拟造成较大的不确定性。这些基础分析可以直观地反映出控制两类冰川消融及径流过程的关键因素，为开展下一步相关研究提供重要的基础以及需要重点关注的方向。

为了进一步明确两种不同类型冰川融水径流水文过程的差异，选取了强降水日和无降水日进行两类冰川径流过程与气温和降水关系的对比。图 5.5 显示帕隆 4 号冰川和 24K 冰川各自 5 天降水日和晴天的径流曲线，以及气温、降水的波动情况。从图 5.5 中可以看出，对于非表碛覆盖型的帕隆 4 号冰川而言，无论是降水日还是晴空日，冰川融水径流过程曲线均主要受到气温的控制，径流的日内波动较大。而对于表

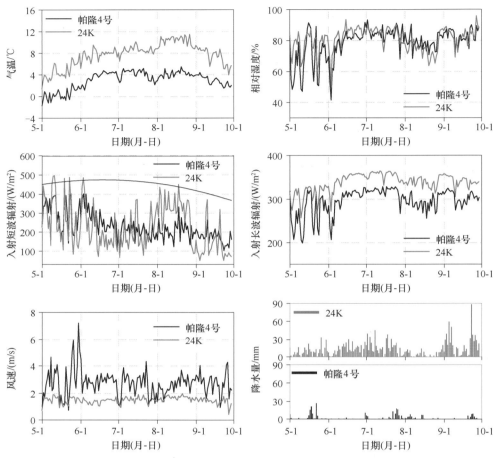

图 5.3　非表碛覆盖型帕隆 4 号冰川与表碛覆盖型 24K 冰川在水热发育条件方面的差异
（气温、相对湿度、入射短波辐射与入射长波辐射、风速和降水量）

碛覆盖型的 24K 冰川而言，由于其流域内降水量丰富且受到表碛对热量再分配的影响，径流曲线与气温之间的关系并不密切，而且冰川融水径流的日内变化幅度非常之小。

　　图 5.6 显示了两种不同类型冰川不同月份内径流量日均变化幅度。从图 5.6 中可以看出，非表碛覆盖型的帕隆 4 号冰川径流量呈现出明显的日内变化特征，特别是在消融盛期的 7 月和 8 月。帕隆 4 号冰川 2016 年 8 月径流量平均日内变化幅度达到 4.47 m³/s；消融初期和末期的日内变化相对较小，但仍表现出明显的波动。相反，对于表碛覆盖的 24K 冰川而言，各月之间径流量的日内变化幅度不大，最大变幅出现在 7 月，但日内平均变化幅度仅为 0.36 m³/s。整体上来看，日内径流峰区大致等于谷区，峰形低矮浑圆。第一次青藏科考时，曾在珠西沟冰川进行了水文气象观测，也发现表碛覆盖的珠西沟冰川径流量日内变化幅度非常小（李吉均等，1986），与表碛覆盖的 24K 冰川相类似。

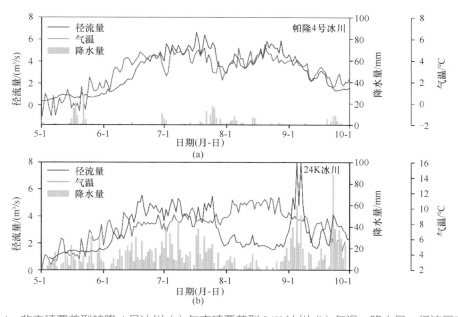

图 5.4　非表碛覆盖型帕隆 4 号冰川（a）与表碛覆盖型 24K 冰川（b）气温－降水量－径流量变化

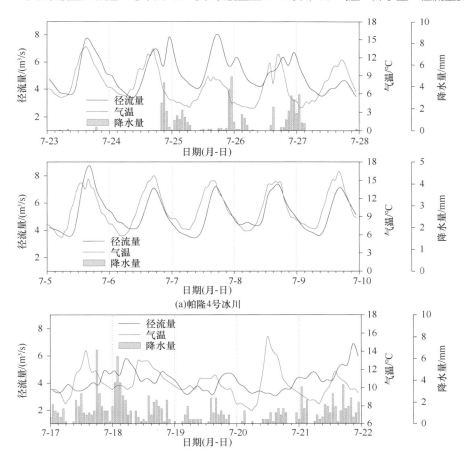

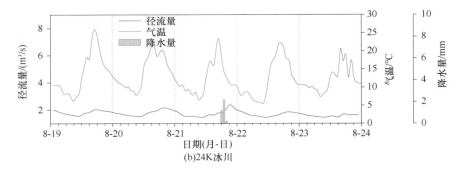

(b)24K冰川

图 5.5 选取降水日和无降水日进行两类冰川 2016 年径流过程曲线及其与气温、降水量关系的对比

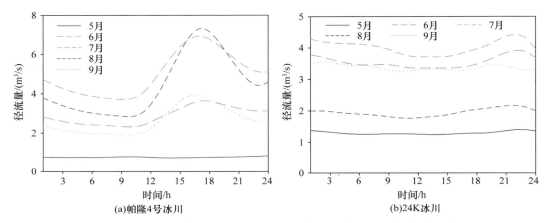

(a)帕隆4号冰川　　　　　　　　　(b)24K冰川

图 5.6 帕隆 4 号冰川和 24K 冰川不同月内的径流量日内变化幅度对比

5.2 藏东南冰川融水径流特征与其他区域对比分析

为了进一步探讨藏东南冰川融水的产水量、储水性和滞后性与其他地区的异同，本节搜集了 13 条鲨冰川流域的相关数据（图 5.7），分别对不同冰川融水的产水量、储水性 [白天径流量与夜间径流量比值：Q_d/Q_n，日内最大与最小值量比值：Q_{max}/Q_{min}，日内变化幅度：$(Q_{max} - Q_{min})/Q_{mean}$] 和滞后性特征（$t_{lag}$）进行分析（Li et al.，2016）。

1. 产水量分析

从整个对比来看，大陆型冰川的月均产水量少于海洋型冰川。平均而言，海洋型冰川（帕隆 4 号、Dokriani、Dunagiri、Gangotri、贡巴）的平均产水量大于大陆型冰川（冬克玛底、七一、蒙达岗日、乌鲁木齐河源 1 号、黑河、卡尔塔马克、科其喀尔、绒布），其产水量是大陆型冰川的 3 倍。流域的海拔高度、冰川面积的比例、是否有表碛覆盖等因素影响了不同冰川流域产水量。与低海拔流域相比，高海拔流域的消融期较短，产水量的季节性变化幅度较大。帕隆 4 号冰川、Dokriani 冰川和 Gangotri 冰川由于海拔较高，其产水量曲线的变化幅度大于贡巴冰川。贡巴冰川的末端有表碛覆盖，而

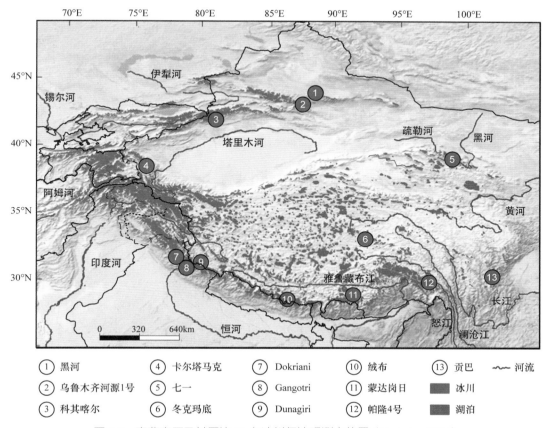

图 5.7　青藏高原及其周边 13 条冰川径流观测点位置（Li et al., 2016）

且冰川所在的区域降水量大。但在过去的 25 年，实测数据表明，该冰川末端和积累区的面积未发生显著的后退和减少（张宁宁等，2008；张国梁等，2010）。而帕隆 4 号冰川、Dokriani 冰川和 Gangotri 冰川以每年 15.1 m、15.6 m 和 19.5 m 的速度后退（Kumar et al.，2008；Dobhal and Mehta，2010；Yang et al.，2010a；Bhambri et al.，2012）。2005/2006 年帕隆 4 号冰川物质平衡为 –730 mm w.e（Yao et al.，2010）。随着面积减小和末端的后退，Dokriani 冰川的末端海拔在升高，1995 年以来冰川以 2.5 m/a 的速度减薄（Dobhal and Mehta，2010）。从冰川的后退可以看出，Gangotri 冰川处于负物质平衡状态。由于冰川内、冰川下和冰川表面同样经历着消融，整个冰川物质的损失量必然要大于冰川表面观测到的物质平衡量（Alexander et al.，2011，2013；王国亚和沈永平，2011）。因此，Dokriani 冰川、帕隆 4 号冰川和 Gangotri 冰川的物质亏损是径流增加的主要原因。虽然 Gangotri 冰川所在的流域海拔较低，冰川末端退缩比较大，但其消融区被表碛覆盖，导致产水量少于帕隆 4 号冰川。科其喀尔冰川、黑沟冰川和卡尔塔马克冰川所在的流域海拔低，但其产水曲线的季节变化幅度低于非表碛覆盖型的冬克玛底冰川。冬克玛底冰川海拔较高，具有高海拔冰川流域的一般特征，但其冰川覆盖面积大，导致 7 月和 8 月的产水量更大（图 5.8）。

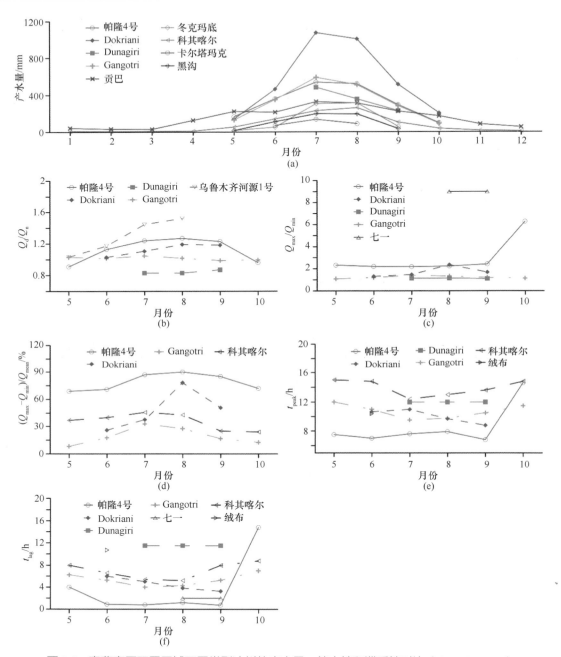

图 5.8　青藏高原不同区域不同类型冰川的产水量、储水性和滞后性对比（Li et al.，2016）

2. 储水性分析

乌鲁木齐河源 1 号冰川的 Q_d/Q_n 和七一冰川的 Q_{max}/Q_{min} 大于所有的海洋型冰川。与非表碛覆盖型冰川相比，有表碛覆盖的冰川，其融水更容易在冰川内储存（图 5.8）。Dokriani、Dunagiri 和 Gangotri 冰川 7 月、8 月和 9 月的月均 Q_d/Q_n、Q_{max}/Q_{min} 和（Q_{max}-

Q_{min})/Q_{mean} 小于帕隆 4 号冰川。虽然科其喀尔（Koxkar）冰川的 Q_d/Q_n 和 Q_{max}/Q_{min} 的数据缺失，但（$Q_{max}-Q_{min}$)/Q_{mean} 明显小于帕隆 4 号冰川。所以，有表碛覆盖的大陆型冰川具有更强的储水能力。

3. 滞后性分析

基于冰川的物理特性，冰川径流的滞后性取决于融水产流到水文断面的距离、冰川内和冰川下的排水系统以及是否有表碛覆盖。帕隆 4 号冰川、Dokriani 冰川和 Dunagiri 冰川的水文断面到冰川末端的距离相近，但有表碛覆盖的 Dokriani 冰川和 Dunagiri 冰川的 t_{peak} 和 t_{lag} 都大于帕隆 4 号冰川。非表碛覆盖型的七一冰川（大陆型）与帕隆 4 号冰川具有相似的 t_{lag}。与非表碛覆盖型的七一和帕隆 4 号冰川相比，有表碛覆盖的科其喀尔和绒布冰川的 t_{lag} 更大。绒布冰川的水文断面距冰川末端的长度小于帕隆 4 号冰川，但绒布冰川的 t_{peak} 和 t_{lag} 较大。科其喀尔冰川的水文断面距冰川末端的长度与帕隆 4 号冰川几乎相等，但科其喀尔冰川的 t_{peak} 和 t_{lag} 均大于帕隆 4 号冰川。

一些学者已经关注到表碛和冰川融化速率的关系（Mattson et al.，1993；Han et al.，2006；Yang et al.，2010b）。当太阳短波辐射到达冰川表面时，由于表碛的反照率小于冰川，更容易吸收太阳辐射。这些能量通过热传导进入冰内，导致了冰川的融化。但冰川表面较厚的表碛对消融具有抑制的作用。由于热量向下传递进入表碛层并作用于冰川冰的融化需要一定时间，所以有较厚表碛覆盖的冰川，其融化的时间更长（Juen et al.，2013）。随着表碛厚度的增加，表碛对融化的滞后作用加强，最终会使冰川消融到达极大值的时间滞后（Fyffe et al.，2014）。因此，表碛覆盖型冰川融水径流的昼夜变化曲线相对平缓，达到流量极值的时间更长。无论是海洋型冰川还是大陆型冰川，表碛覆盖的冰川流域都有较强的储水能力和较长的滞后性特征。

第 6 章

近期藏东南海洋型冰川快速变化的原因

冰川作为气候的产物，对气候变化非常敏感。在气候变暖背景下，近期青藏高原及周边地区的冰川整体处于退缩状态。在藏东南地区，冰川面积萎缩及冰量亏损幅度最大。近期藏东南地区冰川的变化原因不仅包括气温升高和降水减少，也包括人为因素的贡献。喜马拉雅山南侧的南亚地区存在强烈的人为气溶胶污染排放，冬春季节爆发的南亚大气棕色云将黑碳物质带至青藏高原南部和东南部并沉降在冰川表面，降低冰川反照率，促进冰川消融。

6.1　近期藏东南地区的气候变化

基于藏东南地区 8 个气象台站（昌都、洛隆、波密、八宿、林芝、米林、左贡、察隅）资料，研究了该地区近期的气温和降水的变化特征，从气候变化背景角度分析该地区冰川变化的原因。图 6.1 为这 8 个气象台站年平均气温和夏季平均气温各自的变化趋势。虽然不同站点的观测时间段不同，但整体来看，藏东南地区气温呈现明显

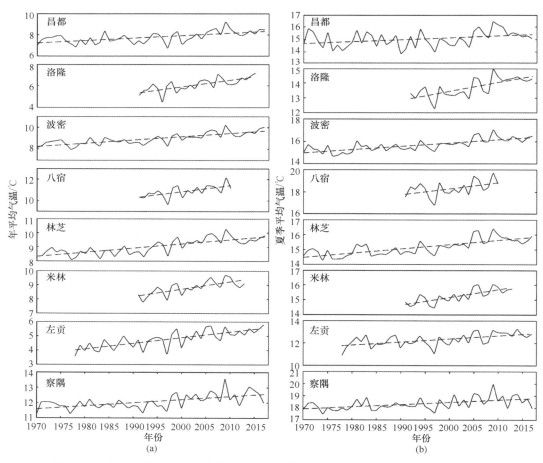

图 6.1　藏东南地区 8 个气象台站记录的年平均气温（a）和夏季气温（b）的变化趋势

的升高趋势，1970 ～ 2017 年气温变化趋势为 0.02 ～ 0.03 ℃ /a；而观测期起始时间在 20 世纪 90 年代的台站（八宿、洛隆、米林），气温变化趋势均超过 0.05 ℃ /a，这说明 20 世纪 90 年代以后气温上升趋势明显加快。夏季平均气温也在不断升高，其升高趋势与年平均气温基本一致，但其趋势略小于年平均气温，这说明气温的升高趋势在冬季（非消融期）更为明显。

　　藏东南地区降水变化趋势存在明显的区域差异，有 3 个台站（察隅、米林、洛隆）表现出降低的趋势，其余 5 个台站的降水量呈现微弱的上升趋势（表 6.1）；2009 年所有台站出现气温最高值，但降水量在 8 个台站均表现为历史最低值。整体来看，1999 年以来夏季持续快速升温，而降水量却呈减少趋势，整个藏东南地区呈现暖干的气候组合。因此，在此种气候背景下，藏东南海洋型冰川消融强烈而补给减少，导致冰川末端后退、面积萎缩、物质亏损。

表 6.1　藏东南 8 个气象台站基本信息及其气温和降水量的年变化趋势

台站	纬度 /（°N）	经度 /（°E）	海拔 /m	年均温 /℃	年均降水量 /mm	气温变化趋势 /（℃ /10a）	降水量变化趋势 /（mm/10a）	夏季气温变化趋势 /（℃ /10a）	观测期（年）
察隅	28.65	97.47	2331.2	7.8	479.3	0.21	−10.65	0.19	1970 ～ 2017
米林	29.22	94.22	2952.0	8.8	709.0	0.52	−50.10	0.53	1991 ～ 2013
林芝	29.57	94.47	3001.0	9.0	689.5	0.30	10.72	0.28	1970 ～ 2017
左贡	29.67	97.83	3781.0	4.8	447.8	0.39	10.14	0.28	1978 ～ 2017
波密	29.87	95.77	2737.0	9.0	889.6	0.29	0.72	0.29	1970 ～ 2017
八宿	30.05	96.92	3261.0	10.9	267.8	0.57	5.77	0.54	1991 ～ 2010
洛隆	30.75	95.83	3640.0	6.1	414.9	0.59	−3.59	0.59	1992 ～ 2017
昌都	31.15	97.17	3307.1	12.1	796.8	0.22	10.09	0.15	1970 ～ 2017

6.2　藏东南独特的降水分配格局与冰川响应的敏感性

　　南亚季风环流是青藏高原东南部山地冰川的哺育者。藏东南察隅一带的雨季开始于 3 月，这时季风环流尚未建立，降水是南支西风急流在阿萨姆低压区的频繁活动吸引了孟加拉湾水汽北上的结果。在 5 月底 6 月初，南支西风急流北撤至 30°N 以北的地区，南亚季风爆发，雅鲁藏布江大拐弯以南通往印度的河谷，成为湿润季风气流进入高原的通道，季风云团密集，并沿若干西北—东南向谷地进入青藏高原内部，向北伸延至青海省东部的长江和黄河上游，以及祁连山东段的冷龙岭地区，使青藏高原进入雨季。而西藏东南部的察隅、波密、嘉黎一带又首当其冲，雨季最长，雨量最多，形成一个向北突出的罕见的舌状多雨区。根据藏东南冰川积累区粒雪年层厚度及降水梯度推算，该地区雪线附近的年降水量为 2500 ～ 3000 mm，雪线一般降至 4400 ～ 4800 m，使西藏东南部发育了中国典型的季风海洋型冰川（李吉均等，1986）。

通过对比藏东南气象站点的记录（图 6.2），发现岗日嘎布山脉地区的波密和察隅与其他相近地区（林芝和八宿）的降水月分配情况还是呈现相当大的差异的。

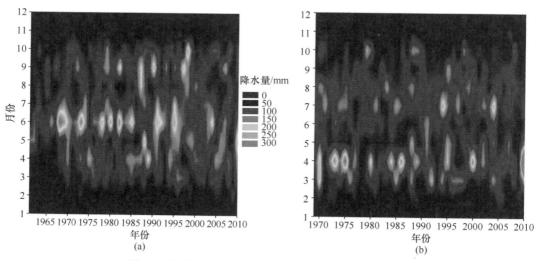

图 6.2 波密（a）和察隅（b）降水月际变化序列分布图

首先，从降水的季节分布来看，岗日嘎布山脉地区的波密和察隅两站春季（3 ～ 5 月）降水量相当丰富，特别对于察隅，降水分布呈现独特的双峰型，多年平均月降水量以 4 月最高。而冬季（11 月至次年 2 月）降水量相当少，可见该地区受到源于大西洋和地中海的西风带降水气团影响较弱。而位于岗日嘎布山脉以北的八宿站点的降水量则呈现出典型的季风型（6 ～ 9 月降水占全年 73%），表明该地区的降水在较小的空间范围内会发生很大的变化。

其次，虽然都处于藏东南雅鲁藏布江大峡谷处，但是该地区雨季开始的时间还是有一定差异的。雨季开始时间定义为：当月降水量超过多年月平均降水量，则该月为雨季起始月（陶诗言，1980）。对于波密和察隅而言，其雨季时间为 3 ～ 9 月，而对雅鲁藏布江大峡谷通道之上的林芝地区降水而言，雨季集中分布在 5 ～ 9 月。高登义（2005）通过对比藏东南的降水分布及雨季开始时间，指出沿布拉马普特拉河—雅鲁藏布江河谷向青藏高原内部有着强大的水汽输送能力，其方向与这个地区"湿舌"的伸展方向及雨季开始时刻分布图一致。而藏东南察隅地区、滇西北和阿萨姆邦一带雨季自 3 月开始，与长江中游一带同为我国雨季开始最早的地区。该地区雨季结束于 9 月底 10 月初，可维持 7 个月之久，是全高原雨季最长的地方（叶笃正和高由禧，1979）。藏东南冰川研究区正好位于这个雨季开始时间较早的特殊地区。

由于受到纵向岭谷特殊地形的影响，研究区水热条件的分布格局及其变化具有独特的"通道 - 阻隔"多重效应，降水量的年内分配状况出现具备"桃花汛"小雨期的多峰型（图 6.2）。以察隅气象站为例，降水月际分配的两个峰值分别集中在 4 月和 7 月，前期正好是林芝地区桃花盛开的时候。通过进一步分析藏东南地区降水季节性分布，发现沿雅鲁藏布江大拐弯以南区域的降水呈现双峰型，而大拐弯以北降水呈现单峰型。

降水补给过程的差异必然会对冰川的气候响应产生重要的影响。通过分析周边气象站降水的季节分配格局，初步界定了春季补给型冰川的空间分布范围（图 6.3）。而在春季补给型冰川发育的气候条件解释方面，南支西风急流在春季 80°～90°E 频繁扰动、南孟加拉湾外涡旋提供的大量暖湿水汽、南北纵向岭谷的水汽通道达 3 种因素共同作用造就了雅鲁藏布江大拐弯以南冰川的独特补给方式（Yang et al.，2013）。

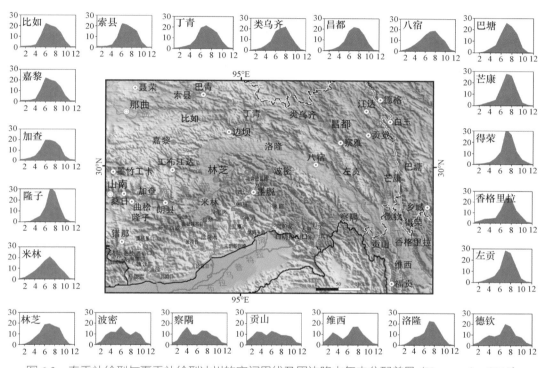

图 6.3　春季补给型与夏季补给型冰川的空间界线及周边降水年内分配差异（Yang et al.，2013）

此外，考虑到降水的季节性分配，Yang 等（2013）利用能量－物质平衡模型定量研究了藏东南海洋型冰川所处的状态。结果显示，近期该区冰川气候组合明显偏离理想的零平衡（总积累量等于总消融量）状态（图 6.4）。理论上讲，在降水不变的情景下，平均气温需要降低 0.71℃，或者在气温不变的情景下，全年降水需要增加大约 420 mm，该地区冰川才有可能达到理想的零平衡状态。研究表明，近期藏东南地区处于暖干的气候组合状态，从而导致海洋型冰川的冰量损失与面积缩小，但该地区春季补给过程对区域冰川的快速消融起到一定的抑制作用。

6.3　大气环流的变化

在如何解释第三极地区冰川状态的区域性差异方面，Yao 等（2012）基于实测与全球降水气候计划（Global Precipitation Climatology Project，GPCP）降水数据，分析了第

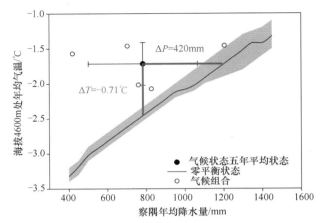

图 6.4　藏东南春季补给型冰川近期所处气候状态及理论"平衡状态"的差异（Yang et al.，2013）

三极地区降水的时空变化，分析出两大环流的不同模态（减弱的印度季风和加强的西风）引起的喜马拉雅地区降水减少和帕米尔地区降水增加，是导致第三极冰川呈现不同空间变化格局的气候学机制（图 6.5），从而解释了近期喜马拉雅地区和藏东南地区冰川冰量亏损幅度较大的现象。

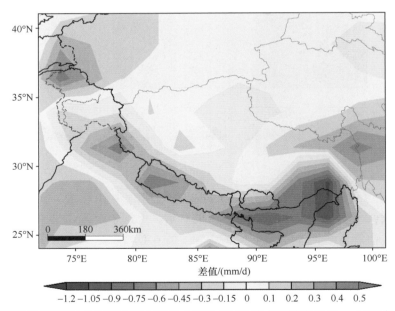

图 6.5　青藏高原及周边地区降水变化格局（基于 GPCP 降水资料的 1990 ～ 2018 年平均值与
1979 ～ 1990 年平均值的差值）（姚檀栋等，2019）

此外，针对海洋型冰川地区物质平衡观测历史较短的缺陷，Yang 等（2016）以冰川气象、冰面测杆及雪坑观测数据为基础，以区域气候数据为驱动，利用前期建立的藏东南季风海洋型冰川能量 – 物质平衡模型，重建了 1980 ～ 2010 年典型的海洋型冰川物质平衡序列（图 6.6）。

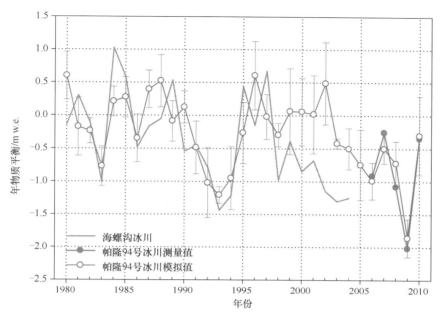

图 6.6　恢复的帕隆 94 号冰川物质平衡序列及其与海螺沟冰川的对比

研究结果表明，以帕隆 94 号冰川为代表的藏东南海洋型冰川近 30 年来呈现明显的冰量波动变化，20 世纪 80 年代以物质平衡偏正为主，90 年代初出现明显的负平衡特征，后期有微弱正平衡的趋势，2003 年后该地区冰川物质平衡发生突变，呈现显著的冰量损失。通过对冰川物质平衡与气象资料（气温和降水）的空间相关性分析发现，藏东南海洋型冰川在季风期间变化相当敏感，空间上与印度季风影响区域气温呈现显著的负相关，而与同期季风区降水变化呈现明显的空间正相关。从相关系数上来判断，该地区冰量亏损主要归因于季风区气温的升高，而近期降水的减少起到了加速冰量亏损的作用。

通过分析 500 hPa 位势高度场与风场发现，近期青藏高原南北部受不同的大气环流场控制，青藏高原南部受反气旋控制，500 hPa 位势高度场明显升高；而青藏高原北部及天山等区域受气旋型气候环流控制，500 hPa 位势高度场明显下降（图 6.7 和图 6.8）。在这两种截然不同的环流控制下，近期印度季风影响下的藏东南地区气候为暖干组合，而青藏高原中北部为相对暖湿的气候组合（图 6.9）。

通过对拥有长期物质平衡观测记录的 6 条冰川（藏东南帕隆 94 号冰川、横断山海螺沟冰川、青藏高原中部唐古拉山小冬克玛底冰川、天山东段乌鲁木齐河源 1 号冰川、天山西段 Ts.Tuyuksuyskiy 冰川、阿尔泰山 Maliy Aktru 冰川）对比发现（图 6.10），相比青藏高原中北部及天山地区的冰川，季风影响区冰川的冰量变化趋势与西风控制区域冰川呈现不同的趋势。在近期气候变暖的大背景下，印度季风影响下的藏东南海洋型冰川正在经历着更为显著的冰量亏损，而这种近期加速亏损的趋势向反气旋控制的青藏高原中部及天山地区则逐渐减弱（图 6.8）。从更大空间尺度来看，根据藏东南地区气温 / 降水与 500 hPa 位势高度场与风场的空间相

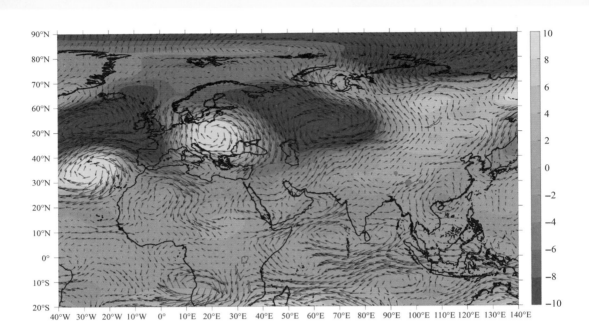

图 6.7　帕隆 94 号冰川物质平衡偏负年份（1991 ~ 1995 年）与偏正年份（1980 ~ 1990 年）500 hPa 位势高度与风场两时段差异对比（6 ~ 9 月）

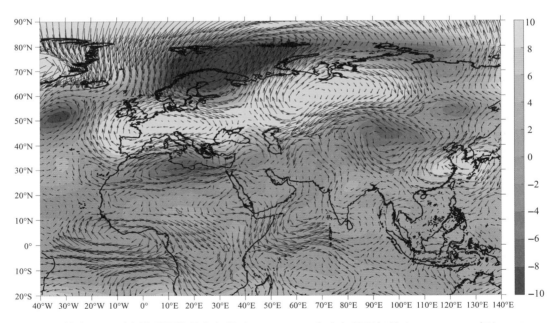

图 6.8　帕隆 94 号冰川物质平衡偏负年份（2003 ~ 2010 年）与偏正年份（1996 ~ 2002 年）500 hPa 位势高度与风场两时段差异对比（6 ~ 9 月）

关性可知，藏东南地区气候变化与中纬度欧洲地区气候变化存在着一定的遥相关关系。

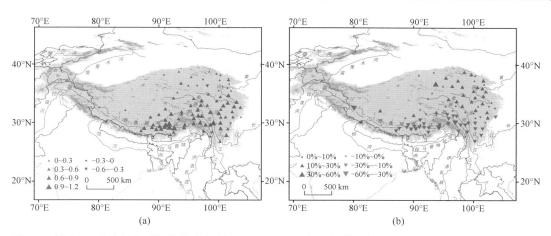

图 6.9　帕隆 94 号冰川物质平衡偏负年份（2003 ～ 2010 年）与偏正年份（1996 ～ 2002 年）青藏高原
6 ～ 9 月地面气温（a）与降水（b）变化对比（Yang et al.，2013）

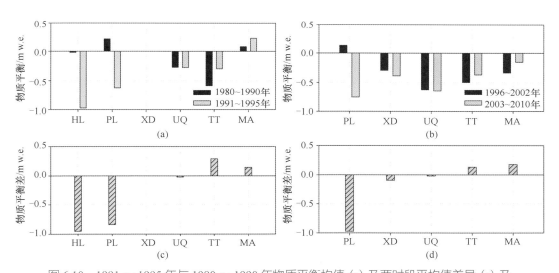

图 6.10　1991 ～ 1995 年与 1980 ～ 1990 年物质平衡均值（a）及两时段平均值差异（c）及
2003 ～ 2010 年与 1996 ～ 2002 年物质平衡均值（b）及其两时段平均差值（d）

HL，海螺沟冰川；PL，藏东南帕隆 94 号冰川；XD，青藏高原中部唐古拉山小冬克玛底冰川；UQ，乌鲁木齐河源 1 号冰
川；TT，天山西段 Ts.Tuyuksuyskiy 冰川；MA，阿尔泰山 Maliy Aktru 冰川

6.4　人类活动排放物加速冰川消融

　　大气和雪冰中的吸光性杂质主要有黑碳（black carbon，BC）、有机碳（organic carbon，OC）、粉尘（dust）等。这些杂质通过改变直接辐射强迫、与云的相互作用、雪冰反照率以及相关反馈机制，显著影响大气与雪冰介质的能量平衡。它们对地球气候系统具有独特而重要的作用，被认为是除温室气体外最大的辐射强迫因子。

　　黑碳是吸光性杂质的重要组成部分，是含碳的化石燃料和生物质不完全燃烧的产物，具有独特的物理化学性质，可强烈吸收可见光 [波长 550nm 时的质量吸收截面（mass absorption cross-section，MAC）的大小为 5 m²/g]、耐高温（4000 K）、可聚合为稳定结构的团簇、不溶于水和大部分有机溶剂等。现今全球黑碳排放量约为 7500 Gg/a，绝大部分源于人类的生产生活排放（交通工具排放、工业用煤等），其次为生物质燃烧（森林大火、秸秆焚烧等）释放。其中，东亚和南亚地区的黑碳排放量超过 2000 Gg/a，成为全球大气黑碳研究的热点区域。

冰芯是过去气候变化信息的独特载体，特别是能够记录大范围的、远距离传输的大气水汽和气溶胶（包括自然源和人为源）。2002 年，中美合作在然乌湖流域的作求普冰川（29°30′N，97°00′E，5795 m）钻取了浅冰芯（Aizen et al.，2006）。2006 年，中国科学院青藏高原研究所在帕隆 4 号冰川（96°55.04′E，29°12.75′N，5500 m）钻取了 23 m 的浅冰芯（Xu et al.，2009a）。2007 年、2010 年和 2012 年，中国科学院青藏高原研究所分别在作求普冰川（29°11′56.65″N，96°54′11.68″E，5580 m）钻取了超过 100 m 的深冰芯，获得了过去 70 年以来的大气水汽、黑碳和粉尘的记录（Xu et al.，2009b；Zhao et al.，2017）。作求普冰川的冰芯高分辨率（年积累量可达 2000 mm w.e.）的记录详细揭示了大气水汽同位素和人类活动排放的黑碳变化历史。

对帕隆 4 号冰川冰芯中元素碳（EC）、不溶性有机碳（WIOC）和可溶性离子（Cl^-、NO_3^-、SO_4^{2-}、Na^+、K^+、Mg^{2+}、Ca^{2+}）的含量进行实验分析，结果显示，1998 ~ 2005 年，上述组分在该冰芯中的含量均呈现持续增长的趋势。冰芯中 EC 含量及 EC/WIOC 显著表现出非季风时期高值而季风时期低值的特征，揭示了该地区冰川中记录的碳质气溶胶浓度与南亚棕色云之间的密切联系。同时还发现，在季风前的 4 ~ 5 月，沉降于雪冰中并且平均含量 >10 ng/g 的 EC 所引起的雪冰表面反照率降低对冰川消融的促进不容忽视。

此外，作求普冰川深冰芯的记录也表明（图 6.11），1970s 以来南亚黑碳排放在持续增长，这不同于欧洲的排放先增加后减少的特征，体现了青藏高原冰芯中黑碳沉积的区域差异以及西风 – 季风环流对黑碳的搬运（Xu et al.，2009b）。此外，黑碳在冰雪表面的富集会极大地增强冰川的消融过程（图 6.12）。对于新雪而言，黑碳对藏东南地区的 4 条冰川消融量的贡献率小于 5%，但消融过程中黑碳在冰川表面的富集，进一步

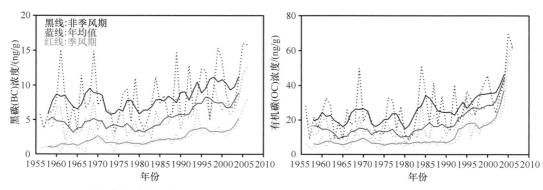

图 6.11　藏东南作求普冰芯记录的过去 50 年来的黑碳和有机碳浓度变化（Xu et al.，2009a）

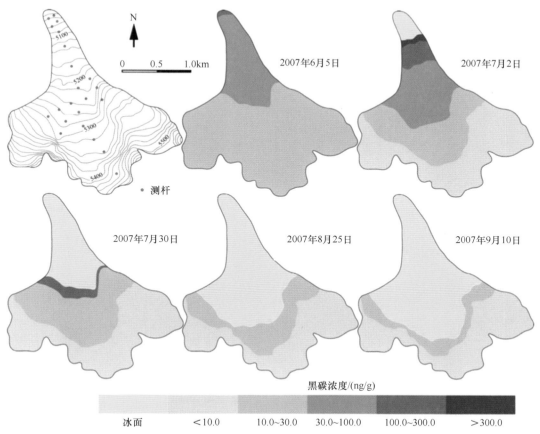

黑碳浓度/(ng/g)

| 冰面 | <10.0 | 10.0~30.0 | 30.0~100.0 | 100.0~300.0 | >300.0 |

图 6.12　藏东南帕隆 94 号冰川表面黑碳浓度在消融期内随时间的变化（Xu et al.，2009a）

降低了冰面反照率，黑碳对冰川消融量贡献可达 15%（Zhang et al.，2017）。因此，人类活动排放的黑碳对藏东南地区冰川的强烈消融也起到一定的贡献，但具体的影响仍有待进一步研究。

第 7 章

喜马拉雅山中东段冰湖变化调查及潜在风险评估

　　冰湖是以现代冰川融水为主要补给源或在冰碛垄洼地内积水形成的天然水体。根据冰湖与冰川的接触和补给关系，冰湖可划分为冰川表面湖、冰川末端湖、冰川补给湖等类型。我国的冰湖分布广泛，在冰川发育区几乎都有存在，但主要分布在念青唐古拉山和喜马拉雅山地区。冰湖溃决洪水（glacial lake outburst flood，GLOF）是由冰湖快速的大量排水或坝体垮塌而形成的突发性洪水。发生溃决的冰湖主要分为冰川阻塞湖（冰坝湖）和冰碛阻塞湖（冰碛湖）两大类，其中冰碛湖堤溃决过程主要有溢流型和管涌型两种机制。我国的冰湖溃决洪水主要发生在喜马拉雅山、喀喇昆仑山的叶尔羌河和天山的阿克苏河源区。在过去几十年里，由于气候变暖，喜马拉雅中段和藏东南地区的冰川消融加剧，大部分冰川呈退缩状态，而冰湖的数量、面积和储水量在整体上逐渐增加，增大了冰湖发生溃决的风险。

7.1　冰湖研究概况

7.1.1　冰湖研究现状

　　近年来，藏东南和喜马拉雅山地区冰川的强烈消融和后退，形成了大量高位冰碛湖，进而导致了冰碛湖的溃决和冰川泥石流的爆发，给当地人民生产生活造成了巨大的影响。1981 年 7 月 11 日，位于喜马拉雅南坡聂拉木县的樟藏布流域内的次仁玛错冰碛湖发生漫溢溃决，溃决洪水摧毁了沿途的道路、桥梁、电站，造成下游尼泊尔境内200 人死亡（程尊兰等，2003）。1988 年 7 月 15 日，波密县米堆冰川末端的光谢错冰湖发生溃决，冰湖蓄水量 $6.4×10^6 m^3$，其中约有 $5.4×10^6 m^3$ 在 13h 内排走，最大洪峰流量达 $1270 m^3/s$，洪峰历时 0.5h，洪水导致川藏公路 42 km 长的路段水毁严重，仅公路和通信设施两项的损失总计达 600 万元。1991 年 6 月 12 日，因持续高温，伯舒拉岭冰川急骤融化，八宿县怒江支流冷曲流域内的高山冰湖溃决，洪水泛滥成灾，冲毁川藏公路路基 10 余处（据《昌都地区志》）。2000 年 6 月 10 日，波密县易贡湖溃决造成了巨大损失，使得川藏公路全线中断，冲毁通麦大桥、解放大桥等 10 余处；在下游印度境内受灾更重，特大溃决型洪水造成 30 人死亡，100 人失踪，5 万人无家可归（鲁安新，2006）。据报道，2013 年 7 月 5 日，发生在西藏自治区嘉黎县忠玉乡的冰湖溃决是我国境内最近一次有人员失踪的冰湖溃决洪水灾害事件（孙美平等，2014）。

　　冰湖溃决在全球其他地区也有发生（Clague and Evans，2000）。藏东南地区冰湖的溃决、冰川泥石流等灾害事件都与海洋型冰川对近期气候变化的响应有直接的关系。冰湖空间分布及动态变化研究对评估冰湖溃决危险性具有重要意义。青藏高原地区面积大于 $0.003 km^2$ 的冰湖共有 5701 个（2010 年数据），总面积 $682.4±110 km^2$，其中危险性冰湖主要分布在喜马拉雅山、念青唐古拉山东部及横断山地区（Zhang et al.，2015）。兴都库什 – 喜马拉雅地区约 50% 的面积在中国境内（Sharma and Pratap，1994），中国面临的冰湖潜在风险比这一地区任何一个国家都高得多（Ives et al.，2010；Wang et al.，2015a）。

2004 ～ 2008 年，我国境内的喜马拉雅山区共有 143 个具有潜在危险性的冰湖，其中溃决概率等级为"非常高"的 44 个、"高"的 47 个、"中"的 24 个、"低"的 24 个、"非常低"的 4 个，溃决概率为"非常高"和"高"等级的 91 个潜在危险性冰湖亟须进一步进行的溃决风险评估（王欣等，2009）。通过文献资料、遥感观测、地貌分析和实地考察，梳理了喜马拉雅山地区 60 次冰湖溃决洪水事件，并发现了未被报道的 3 次事件，排除了 11 次有疑问的事件。总共有 51 次冰湖溃决洪水事件被确认，这一灾害的发生频率在 1975 ～ 1995 年有轻微增加的趋势，但在 1995 ～ 2015 年有轻微减少的趋势，并且在季节尺度上，溃决事件主要发生在 4 ～ 10 月，主要的诱因是冰崩（Nie et al.，2018）。

冰湖的潜在危险程度与其面积有关，较大面积的冰湖能够造成严重的灾害。青藏高原上面积大于 0.1 km^2 的冰湖共有 1291 个，其中 210 个威胁到人类定居点，具有非常高危险性的冰湖有 30 个，集中分布在喜马拉雅山中段的吉隆县、聂拉木县和定日县（Allen et al.，2019）（图 7.1）。

兴都库什 – 喜马拉雅地区的不丹、中国、尼泊尔、巴基斯坦和印度境内冰湖数量总计 8790 个，其中约 200 个被半定性的主观标准划分为潜在危险冰湖（Ives et al.，2010）。通过更加客观、自动的方法对喜马拉雅地区冰湖溃决风险进行分类，发现尼泊尔东部和不丹拥有最多潜在溃决冰湖数量（Fujita et al.，2013）。需要指出的是，这项评估几乎没有包括中国区域。在整个第三极地区，东部地区的冰湖面积最大、数量最多，其中典型的冰前湖泊在过去 20 年间扩张速度最快；而西部地区的冰湖通常较小，数量少，略有缩减（Gardelle et al.，2011）。冰湖的扩张通常与气候变暖趋势和冰川负物质平衡状态有关，区域内的冰川湖泊和在相对平缓地形形成的湖泊急剧增长（Wang et al.，2011b；Lei，2012；Xin，2012；Mergili et al.，2013；Zhang et al.，2015；Thakuri et al.，2016）。例如，在中国境内喜马拉雅山脉中段波曲流域，Wang 等（2015b）指出 2010 年冰湖面积比 1976 年增长了 122%，而同期远离冰川水文系统的湖泊，其面积仅增长了 2.8%。西藏中部的冰湖迅速扩张，似乎与冰冻圈退化而非冰川退缩有关（Li et al.，2014a）。在不同气候、地形、地貌状况下湖泊的形成将为研究湖泊变化过程、可能的影响、未来湖泊演化趋势等方面提供有价值的见解。

通过对冰湖溃决灾害事件文献及资料进行整理，系统梳理了 20 世纪以来西藏地区发生的 27 次冰湖溃决事件（姚晓军等，2014）。其中，喜马拉雅山中段是我国冰湖溃决洪水高发区之一，这里的冰湖主要是冰川终碛阻塞湖，分别约占该地区各类高山湖泊总数的 1/2 和总蓄水量的 2/3。

喜马拉雅山是冰湖研究的重点区域，冰湖的潜在风险引起了众多的关注。2018 年，第二次青藏高原科学考察队开展了波曲流域冰湖野外科考，主要目的是通过对冰湖的实地观测，结合遥感数据，对冰湖目前危险性状态进行评估，同时对其未来发展进行预测与评价。科考内容包括在波曲流域选择典型冰湖（七湖、嘉龙错、嘎龙错）进行湖泊水深测量（图 7.2 和图 7.3），湖岸表碛温度探测数据的回收与新仪

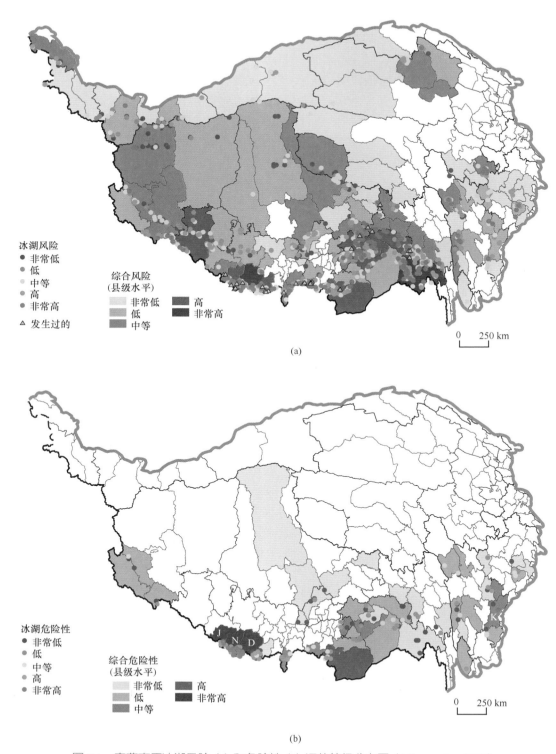

图 7.1　青藏高原冰湖风险（a）和危险性（b）评估等级分布图（Allen et al.，2019）

图 7.2　使用无人船对聂拉木县七湖进行水深测量

图 7.3　聂拉木县七湖的水深分布图

器的埋放；冰湖湖岸线的测量；安装自动照相系统。对波曲流域冰湖的观测研究和潜在危险性评估，可以为下游聂拉木县的发展规划、人民生活生产安全提供重要的科技支撑。

7.1.2 冰湖研究方法

冰湖多位于高海拔而且难以接近的高山区，实地考察费时费力，而且在一些政治敏感的区域是极难进入的。卫星遥感和 GIS 技术在这些地区的应用就成为必要的手段，也已经被证明是可靠的解决办法，其为冰湖的观测研究提供了合理准确的数据（Kääb et al.，2005）。根据遥感及野外调查，已经对不丹境内喜马拉雅山（Fujita et al.，2008；Komori，2008）、尼泊尔境内珠穆朗玛峰地区（Wessels et al.，2002；Bolch et al.，2008；Bajracharya and Mool，2009；Benn et al.，2012）、青藏高原（Wang et al.，2011a，2011b，2012a）、中国境内喜马拉雅山（Wang et al.，2012b，2015b；Xin，2012）、天山北部（Bolch et al.，2011）以及帕米尔高原（Mergili et al.，2013）的冰川变化、冰湖扩张及其潜在危险性进行了大量的研究。

对第三极地区大范围（国家、跨国）的冰湖危险评估主要基于湖泊自动（半自动）影像提取方法（Ives et al.，2010；Bolch et al.，2011；ICIMOD，2011；Wang et al.，2011a，2015a；Worni et al.，2013）。水体在近 – 中红外波段（0.8 ~ 2.4 μm）反射率很低；相反，其他地物（如植被和土壤）在这一波段范围内有很高的反射率。与周围环境相比，水体在遥感影像上呈现暗色，而且水体在蓝色波段的反射率却很高。因此，可用这两个波段（近 – 中红外和蓝色）的比值（即 B_{NIR}/B_{blue}）来区分水体和其他地物，并能得到较好的分类结果。Huggel 等（2002）基于这两个波段范围反射率的较大差异，提出了一个类似于归一化植被指数（NDVI）的归一化水指数（NDWI）来识别水体。

尽管结合附加波段、图像滤波等技术，分类后处理的工作量大大降低，但受到湖泊浊度、冰雪覆盖、特殊地形等影响，目前湖泊的自动识别还存在问题（Quincey et al.，2005；Allen et al.，2009；Bolch et al.，2008；Gardelle et al.，2011），需要进一步研究。

7.1.3 GLOF 建模及灾害评估

已有研究提出了对有可能发生溃决洪水的冰湖按优先次序进行区分的方法，包括从对某一具体地点主观评估（Ives et al.，2010；ICIMOD，2011；Worni et al.，2013），到更为客观地整合了自动 GIS 和基于遥感的主要参数的分析方法（Huggel et al.，2004；Bolch et al.，2011；Wang et al.，2011a，2015a）。考虑到 GLOF 通常是单独事件或新突发事件（Huggel et al.，2004），其溃决可能性一般按定性分类，如低，中，高。

冰湖潜在溃决事件可能性的大小以及对下游造成的损失可以与多种坝体和洪水演进模型一同研究（Westoby et al.，2014）。冰碛阻塞湖或基岩阻塞湖的最初形成过程是危险性评估的关键，这决定了溃决洪水的水文和洪峰流量。一旦 GLOF 事件被触发，下游流域的地形和地貌特征将成为控制溃决洪水的主导因素。如果夹带了大量易于侵蚀的碎屑物质，洪水可能会转化为破坏性的泥石流（Rickenmann，1999；Clague and Evans，2000；O'Connor et al.，2001）；如果坡度平缓，也可能转化成泥浆或高密度流（Worni et al.，2012）。二维数字模型（如 RAMMS、BASEMENT）已被证明特别适合于 GLOF 建模，因为它们能够捕捉复杂的流动动力学（Westoby et al.，2014；Worni et al.，2014）。在模拟冰湖溃决的情景时，需要考虑 GLOF 可能经过的多种不同地形，某些河段很可能拥有大量松散沉积物（Haeberli et al.，2016）。2013 年印度北部 Kedarnath 的 GLOF 事件中，洪水就夹带了大量来自 Charobari 冰川近期消融产生的碎屑物质（Allen et al.，2015）。

7.2　喜马拉雅山东段伯舒拉岭地区冰湖及其风险评估

7.2.1　研究区概况

伯舒拉岭（96°20′～96°40′E，29°30′～30°00′N）位于喜马拉雅山东段的藏东南地区，与他念他翁山、芒康山并行，由念青唐古拉山脉和唐古拉山脉延续转向而来，在行政区划上属于林芝市波密县和昌都地区八宿县，流域上位于帕隆藏布流域和冷曲流域的分界线处（图 7.4）。研究区最低海拔为 3100 m，最高海拔为 6200 m，地形起伏较大。318 国道（川藏线）横穿该地区。

伯舒拉岭地区的气候主要受印度季风影响，湿润温和，多地形雨。该地区现代海洋型冰川十分发育。研究区西南侧的岗日嘎布地区冰川物质平衡观测结果表明（见第 3 章），该地区的海洋型冰川消融速率要高于青藏高原内部的大陆型冰川（杨威等，2010；Yao et al.，2012）。随着近期冰川的亏损和退缩，伯舒拉岭地区冰湖数量和面积都在增大，而且历史上也曾经发生过几次冰湖溃决洪水事件，冲毁农田、道路、房屋和水利水电基础设施，其中有一次为历史文献所记载。据《昌都地区志》记载，1991 年 6 月 12 日，八宿县境内怒江一级支流冷曲河发生特大洪灾。因持续高温，伯舒拉岭冰川急骤融化，高山冰湖决口，形成溃决洪水。川藏公路被冲毁路基 10 余处，第 69 道班的建筑物荡然无存，冲走民房 11 户、牲畜 144 头，冲毁农田 827 亩[①]、水渠 5 条共 12500 m，冲走木桥 18 座、水磨 31 座，冲毁引水渠道 200 m，水电站拦河坝消力池全部被毁坏，坝体、冲沙闸基础掏空变形。可以预见，由于海洋型冰川持续的强烈消融，伯舒拉岭地区发生冰湖溃决洪水的频率以及影响范围都会增加。

---

① 1 亩≈666.67m²。

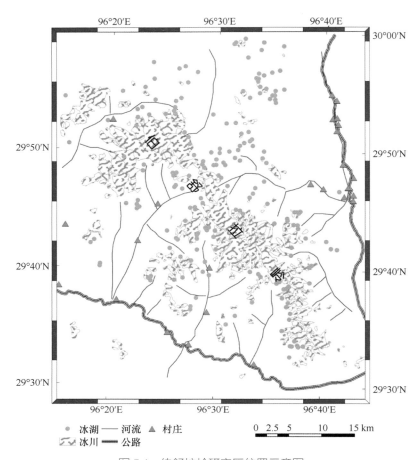

图 7.4 伯舒拉岭研究区位置示意图

7.2.2 冰湖和冰川数字化方法

在地理信息系统软件中，采用人工数字化方式分别从地形图和各期遥感影像中提取冰湖、冰川的专题矢量数据。相比采用波段代数运算法自动识别冰川和冰湖，人工数字化方法虽然耗时费力，但在识别表面特征物时具有较高的精度（Paul et al.，2002）。对于 Landsat 和 ALOS 多光谱影像，分别采用 7-5-2 波段和 4-3-2 波段假彩色合成的方式手工勾画冰湖和冰川的轮廓。另外，对于冰湖，由于 Landsat 影像的空间分辨率（30 m）相比 ALOS 多光谱影像的分辨率（10 m）较低，为了便于对比，有研究者只选取面积大于 0.02 km^2 的冰湖进行分析（Chen et al.，2007）。完成人工数字化之后，获得了 20 世纪 70 年代、1988 年、2001 年和 2009 年共四期的冰川、冰湖专题矢量图层。对于冰湖图层，通过目视解译或者地理计算等方式得到冰湖的类型、面积、海拔以及周长等信息，并赋予属性值。对于冰川图层，采用由 1∶5 万 DEM 在 ArcGIS 水文分析模块下自动生成的流域分界线（GLIMS Algorithm Working Group，http：//www.geo.unizh.ch/ ～ kaeaeb/glims/algor.html），同时结合地形图上的山脊线进行冰川流域的分割，进而确定补给冰湖的母冰川。

124

数字化后的矢量文件需要进行精度评估。利用多期不同空间分辨率的遥感数据来监测冰川、冰湖的面积变化，其不确定性主要包括两个方面：①不同时相间影像的配准误差；②各期影像中对冰湖、冰川边界勾画的误差。对于配准误差，采用式（7.1）和式（7.2）进行估计（Hall et al.，2003；Ye et al.，2006）：

$$U_L = \sqrt{\sum \lambda^2} + \sqrt{\sum \sigma^2} \tag{7.1}$$

$$U_A = \frac{(2 \times U_L)}{\sqrt{\sum \lambda^2}} \times \sum \lambda^2 + \sum \sigma^2 \tag{7.2}$$

式中，U_L 和 U_A 分别为线性不确定性（m）和面积不确定性（m^2）；λ 为每景遥感影像的原始像元分辨率（m）；σ 为每景遥感影像对地形图的配准误差（m）。

人工勾画冰湖、冰川的边界时也会引入误差。这主要与影像的质量有关，具体如云、雪、阴影、分辨率等都会影响遥感影像中对地物的判别（Bolch et al.，2010）。因此，根据各期遥感影像的质量和分辨率，估计出 20 世纪 70 年代、1988 年、2001 年和 2009 年各期影像中冰湖、冰川边界勾画的误差（U_D）分别 2%、4%、2% 和 2%（Racoviteanu et al.，2008；Fujita et al.，2009；Wang et al.，2009；Yao et al.，2012）。1988 年的影像受少量积雪影响，因此估计结果的不确定性最大。

最后得到的面积不确定性（U_T），即这两项误差平方之和的均方根。

$$U_T = \sqrt{U_A^2 + U_D^2} \tag{7.3}$$

7.2.3　近 40 年来伯舒拉岭地区冰湖和冰川变化

表 7.1 和表 7.2 列出了 20 世纪 70 年代、1988 年、2001 年和 2009 年四个不同时期伯舒拉岭地区冰湖的数量和总面积的变化情况。近 40 年来，研究区内面积大于 0.02 km² 的冰湖的数量和总面积都在增加，冰湖总面积增加了 18.6%，变化速率为 0.55%/a。以 2001 年为界，将 20 世纪 70 年代至 2009 年划分为前后两个时间段。在 20 世纪 70 年代至 2001 年和 2001～2009 年前后两个时期，冰湖的总面积扩张速率分别为 0.046 km²/a 和 0.066 km²/a，表明研究区内的冰湖近期有略微加速扩张的趋势。该研究区内的冰湖可分为三类：冰碛湖、冰蚀槽谷湖以及滑坡阻塞湖，前两类冰湖无论是数量还是面积都占据绝大多数，其中又以冰碛湖最多。冰碛湖从 20 世纪 70 年代至 2009 年总面积增加了 1.55 km²，即 26.8%，而冰蚀槽谷湖面积却略微有所减少。因此冰湖总面积的增加主要归因于冰碛湖的扩张。

将冰湖按照面积的大小划分为四个面积区间，不同面积区间内冰湖的分布情况见表 7.2 和图 7.5。该地区冰湖主要是面积小于 0.05 km² 的小冰湖，约占总冰湖数量的一半。小冰湖的数量在过去几十年里快速增加（表 7.2），表明在此期间有许多新的冰湖形成（图 7.6）。另外，结合图 7.5 的结果还可发现，0.02～0.05 km² 的冰蚀槽谷湖数量无明显变化，而这一面积区间内的冰碛湖数量有明显增加，说明这些新形成的小冰湖绝大多数是冰碛湖。

表 7.1　伯舒拉岭地区不同类型冰湖的面积变化情况

类型	20 世纪 70 年代		1988 年		2001 年		2009 年	
	数量	面积 /km²	数量	面积 /km²	数量	面积 /km²	数量	面积 /km²
冰碛湖	49	5.79	53	6.48	66	6.94	78	7.34
冰蚀槽谷湖	47	3.45	45	3.37	41	2.71	44	2.84
滑坡阻塞湖	0	0	0	0	1	0.78	1	0.78
总计	96	9.24±0.19	98	9.85±0.40	108	10.43±0.21	123	10.96±0.22

表 7.2　伯舒拉岭地区不同面积区间的冰湖面积变化情况

面积区间 /km²	20 世纪 70 年代		1988 年		2001 年		2009 年	
	数量	面积 /km²	数量	面积 /km²	数量	面积 /km²	数量	面积 /km²
0.02～0.05	43	1.32	47	1.45	59	1.68	71	2.12
0.05～0.1	23	1.63	19	1.26	17	1.10	21	1.41
0.1～0.5	30	6.29	31	6.18	29	5.33	29	5.63
>0.5	0	0	1	0.96	3	2.32	2	1.80
总计	96	9.24	98	9.85	108	10.43	123	10.96

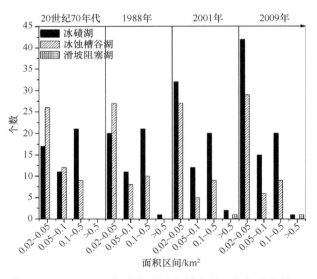

图 7.5　不同面积区间内各类冰湖数量随时间的变化情况

　　表 7.3 是不同海拔区间的冰湖面积变化情况。可以看出，约有一半数量的冰湖分布在海拔 5000～5200 m 的区域。冰蚀槽谷湖主要集中在海拔 5000～5200 m 的地方，而冰碛湖则较均匀地分布在 <4800 m、4800～5000 m 和 5000～5200 m 这三个海拔区间（图 7.7）。另外，过去的几十年期间，冰碛湖在每个海拔区间的数量都有所增加，而冰蚀槽谷湖则相对稳定或略微有所减少（图 7.7）。

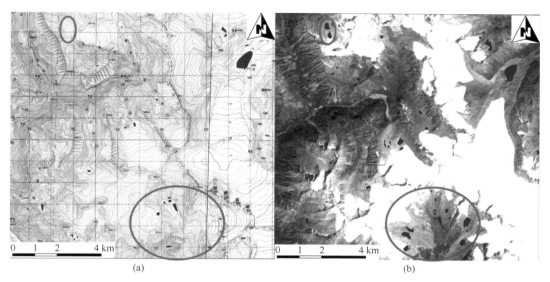

图 7.6　研究区 20 世纪 70 年代至 2009 年新形成的冰碛湖

(a)1975 年地形图；(b) 2009 年 ALOS 影像

表 7.3　伯舒拉岭地区不同海拔分布的冰湖面积变化情况

海拔区间 /m	20 世纪 70 年代		1988 年		2001 年		2009 年	
	数量	面积 /km²	数量	面积 /km²	数量	面积 /km²	数量	面积 /km²
<4800	26	3.91	25	3.05	24	3.93	27	3.99
4800～5000	25	1.64	22	2.49	25	2.97	27	3.04
5000～5200	40	3.42	42	3.45	45	3.02	56	3.32
>5200	5	0.27	9	0.86	14	0.51	13	0.61
总计	96	9.24	98	9.85	108	10.43	123	10.96

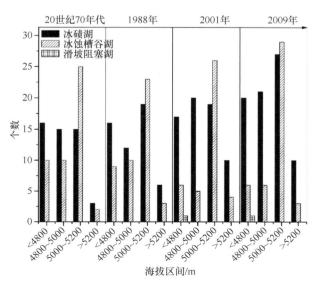

图 7.7　不同海拔区间内各类冰湖个数随时间的变化情况

 基于地形图和各期遥感影像，获取了藏东南伯舒拉岭地区冰川的面积变化特征（图7.8和表7.4）。整个研究区域的冰川呈现明显的退缩趋势，这与20世纪初以来青藏高原东南部岗日嘎布山地区冰川的普遍退缩结果相一致（刘时银等，2005）。具体来说，20世纪70年代研究区冰川总面积为 167.5 ± 3.4 km^2，1988年为 162.8 ± 6.5 km^2，2001年为 155.0 ± 3.1 km^2，到2009年减少为 146.3 ± 2.9 km^2，近40年来冰川面积整体减少了 21.2 km^2，占总面积的12.7%，平均退缩速率为0.37%/a。而冰川退缩速率在不同时间段各不相同。其中，20世纪70年代至1988年、1988~2001年和2001~2009年这三个时段冰川的退缩速率分别为0.22%/a、0.37%/a和0.70%/a，表明近期藏东南伯舒拉岭地区的冰川在加速退缩。这与研究区相邻的藏东南然乌湖地区冰川的加速退缩趋势相一致（辛晓冬等，2009）。研究区冰川的退缩与冰湖的扩张紧密联系。例如，位于研究区中部的两条冰川在过去的几十年里经历了快速的消融和退缩，而冰川末端处的冰湖却在此期间经历了快速持续的扩张过程（图7.8），冰湖面积从20世纪70年代到2009年分别增加了约180%和1400%。另外，在其他山地冰川发育区发现的小冰川快速消失以及大冰川分裂为小冰川的现象（Bolch et al.，2010；Niederer et al.，2008；Paul et al.，2004），在该研究区也普遍存在（图7.9所示的冰川分裂）。

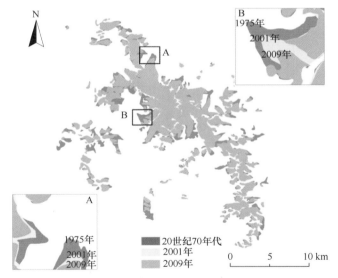

图 7.8 研究区冰川变化图

表 7.4 伯舒拉岭地区 20 世纪 70 年代至 2009 年的冰川面积变化

时间	面积 /km^2	变化面积 /km^2	面积变化比例 /%	变化速率 /(%/a)
20 世纪 70 年代	167.5 ± 3.4			
1988 年	162.8 ± 6.5	−4.7	−2.8	−0.22
2001 年	155.0 ± 3.1	−7.8	−4.8	−0.37
2009 年	146.3 ± 2.9	−8.7	−5.6	−0.70
总计		−21.2	−12.7	−0.37

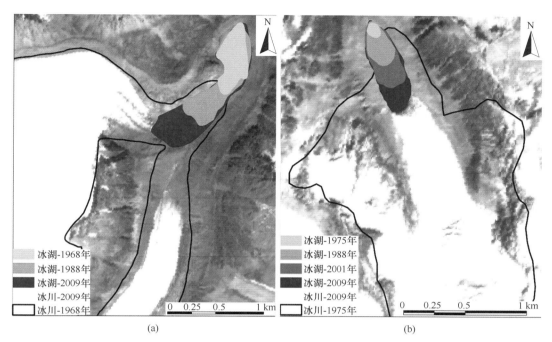

图 7.9　研究区两个冰湖以及相应的母冰川 20 世纪 70 年代至 2009 年的变化过程

冰川的退缩对应着冰湖的扩张。另外，近几十年来这两条冰川都发生了分裂。底图为 2009 年的 ALOS 影像

　　伯舒拉岭西边是帕隆藏布流域，该流域内冰湖众多，也是冰湖溃决高风险的典型区域。根据最新的研究，2016 年帕隆藏布流域共有冰湖 351 个，主要分布于海拔 2800 ~ 5400 m；在面积上，冰湖总面积 50.48 km²，以面积＞ 1 km² 的冰湖为主；在数量上，以面积＜ 0.1 km² 的冰湖为主。近 50 年来，帕隆藏布流域冰湖总体呈现出数量增多、面积增加的趋势，特别是海拔＞ 4500 m 的冰湖数量和面积增加相对迅速，预计未来一段时间内帕隆藏布流域冰湖溃决可能处于活跃阶段（刘娟等，2019）。

7.2.4　伯舒拉岭地区冰湖危险性评估

　　藏东南伯舒拉岭地区的冰湖数量和面积都在增加，新冰湖的形成和冰湖面积的扩张将增大冰湖溃决洪水发生的概率和频率。因此，迫切需要对区域内冰湖的危险性进行综合评估。野外实地考察是传统的和主要的研究冰湖危险性的方法。通过实地调查获得的冰湖的水量、母冰川的状态（有无冰裂隙）、终碛垄的岩土学性质、冰湖周围的地质环境等，可用于评估冰湖发生溃决的可能性以及若发生溃决时其危险程度，进而为下游地区的防灾减灾措施和预案提供支撑。由于冰湖所在地自然环境恶劣且极不容易到达，因此，若对每个冰湖都开展实地考察来研究区域内所有冰湖的危险性并不现实（王伟财，2011）。可行的方法是，通过现有的易获取的数据或遥感资料，将研究区内的冰湖首先按照危险等级进行排序，然后再针对个别高危险性的冰湖进行重点和深入的实地考察研究。

　　伯舒拉岭地区冰碛湖在过去的几十年里迅速扩张，而其他类型的冰湖则保持相对稳定。对于冰湖溃决而言，冰碛湖发生溃决的概率远高于其他类型的冰湖。通过分析西藏地区已发生过溃决的冰碛湖的特征，本书提出了 6 个判别冰湖危险性的指标，然后构建模糊一致矩阵，计算各个指标的危险权重，通过分析研究区冰湖各判别指标的统计分布特征分配危险系数值，最终完成对伯舒拉岭地区的冰湖危险等级的排序。这里所讨论的冰湖危险性的判别，针对的仅是伯舒拉岭研究区 78 个冰碛湖（图 7.10），没有包括较稳定的其他类型冰湖（如冰蚀槽谷湖等）。为了更好地进行分析，将研究区内的 78 个冰碛湖沿着山脉两侧从东北向西南进行编号（从 GL01 至 GL78），各个冰碛湖的位置、面积、母冰川、冰湖和母冰川的距离详见表 7.5。

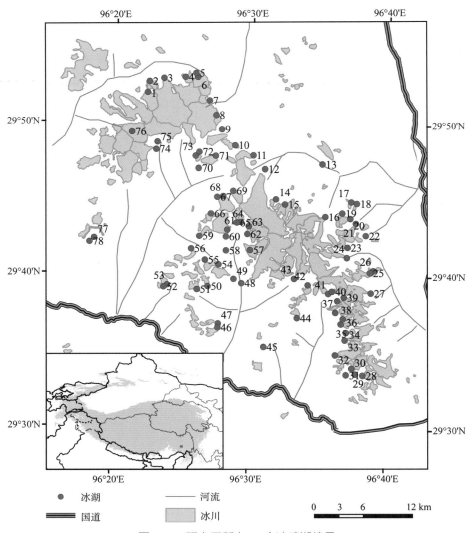

图 7.10　研究区所有 78 个冰碛湖编号

表 7.5　研究区 78 个冰碛湖基本情况

冰湖编码	经度	纬度	海拔 /m	面积 /km²	母冰川	冰湖—冰川距离 /m
GL01	96°22′13″E	29°52′09″N	4752	0.17	5O282A0762	20
GL02	96°22′21″E	29°52′41″N	4959	0.059	5O282A0762	761
GL03	96°23′31″E	29°52′53″N	4649	0.326	5O282A0760	0
GL04	96°25′02″E	29°53′02″N	5168	0.203	5N224E0020	0
GL05	96°25′49″E	29°53′19″N	4972	0.047	5N224E0019	667
GL06	96°25′58″E	29°53′01″N	5054	0.03	5N224E0019	90
GL07	96°26′48″E	29°51′30″N	4960	0.273	5N224E0016	308
GL08	96°27′19″E	29°50′32″N	5077	0.027	5N224E0012	380
GL09	96°27′46″E	29°49′34″N	5030	0.101	5N224E0007	693
GL10	96°28′44″E	29°48′36″N	5127	0.11	5N224E0005	317
GL11	96°30′04″E	29°47′52″N	5074	0.02	5N224B0120	0
GL12	96°30′53″E	29°46′50″N	4731	0.08	5N224B0116	213
GL13	96°34′34″E	29°47′12″N	4593	0.293	5N224B0116	734
GL14	96°32′08″E	29°44′56″N	5130	0.781	5N224B0115	2520
GL15	96°32′28″E	29°44′38″N	5201	0.233	5N224B0113	374
GL16	96°35′16″E	29°43′45″N	4809	0.478	5N224B0108	0
GL17	96°37′21″E	29°44′53″N	5409	0.046	5N224B0105	86
GL18	96°37′43″E	29°44′49″N	5297	0.037	5N224B0104	21
GL19	96°36′37″E	29°44′09″N	5327	0.026	5N224B0103	35
GL20	96°37′07″E	29°43′45″N	5240	0.094	5N224B0103	0
GL21	96°37′41″E	29°43′27″N	5109	0.115	5N224B0102	776
GL22	96°38′23″E	29°42′37″N	5120	0.189	5N224B0101	381
GL23	96°37′08″E	29°41′53″N	5136	0.208	5N224B0106	180
GL24	96°37′07″E	29°41′10″N	4749	0.073	5O282A0941	195
GL25	96°38′43″E	29°40′15″N	5044	0.02	5O282A0936	0
GL26	96°38′59″E	29°40′21″N	4995	0.021	5O282A0936	453
GL27	96°38′53″E	29°38′53″N	4925	0.089	5O282A0935	120
GL28	96°38′18″E	29°33′32″N	5140	0.034	5O282A0924	32
GL29	96°37′48″E	29°33′35″N	4890	0.137	5O282A0924	316
GL30	96°37′33″E	29°33′57″N	5168	0.054	5O282A0907	114
GL31	96°37′09″E	29°33′36″N	5058	0.026	5O282A0907	790
GL32	96°36′12″E	29°34′53″N	4867	0.068	5O282A0899	184
GL33	96°37′02″E	29°35′42″N	5094	0.141	5O282A0897	140
GL34	96°37′03″E	29°36′17″N	5255	0.023	5O282A0896	442
GL35	96°36′40″E	29°36′51″N	5155	0.02	5O282A0895	349
GL36	96°36′46″E	29°37′10″N	5230	0.037	5O282A0894	196

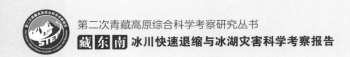

续表

冰湖编码	经度	纬度	海拔/m	面积/km²	母冰川	冰湖—冰川距离/m
GL37	96°36′20″E	29°37′35″N	5094	0.043	5O282A0891	441
GL38	96°36′27″E	29°38′20″N	5101	0.03	5O282A0891	397
GL39	96°36′52″E	29°38′37″N	5306	0.029	5O282A0935	21
GL40	96°36′03″E	29°39′01″N	5197	0.02	5O282A0935	258
GL41	96°35′46″E	29°38′48″N	5133	0.021	5O282A0935	679
GL42	96°34′15″E	29°39′21″N	5067	0.022	5O282A0866	0
GL43	96°33′08″E	29°39′40″N	4664	0.224	5O282A0865	470
GL44	96°33′29″E	29°37′09″N	5167	0.027	5O282A0886	158
GL45	96°31′06″E	29°35′18″N	5018	0.045	5O282A0884	274
GL46	96°27′43″E	29°36′31″N	4657	0.229	5O282A0846	524
GL47	96°27′43″E	29°36′45″N	4718	0.023	5O282A0847	450
GL48	96°29′22″E	29°39′25″N	4271	0.022	5O282A0860	1423
GL49	96°28′52″E	29°39′42″N	4557	0.026	5O282A0859	1158
GL50	96°26′56″E	29°39′10″N	4934	0.049	5O282A0854	1086
GL51	96°26′11″E	29°38′59″N	4948	0.036	5O282A0850	288
GL52	96°23′38″E	29°39′07″N	4874	0.032	5O282A0835	872
GL53	96°23′57″E	29°39′15″N	4908	0.022	5O282A0836	860
GL54	96°27′43″E	29°40′38″N	4915	0.057	5O282A0827	18
GL55	96°26′42″E	29°40′56″N	4929	0.052	5O282A0831	1165
GL56	96°25′41″E	29°41′39″N	4606	0.025	5O282A0825	643
GL57	96°29′58″E	29°41′41″N	5088	0.047	5O282A0857	0
GL58	96°28′12″E	29°41′32″N	4892	0.262	5O282A0857	448
GL59	96°26′15″E	29°42′32″N	5111	0.024	5O282A0826	420
GL60	96°28′08″E	29°42′28″N	5047	0.05	5O282A0856	0
GL61	96°28′20″E	29°42′56″N	4993	0.118	5O282A0856	198
GL62	96°29′43″E	29°42′39″N	5064	0.056	5O282A0857	106
GL63	96°29′49″E	29°43′10″N	5210	0.096	5O282A0857	0
GL64	96°29′17″E	29°43′26″N	5084	0.02	5O282A0819	383
GL65	96°28′58″E	29°43′30″N	4993	0.052	5O282A0819	836
GL66	96°27′07″E	29°44′04″N	5135	0.023	5O282A0820	86
GL67	96°27′31″E	29°45′04″N	5078	0.023	5O282A0818	294
GL68	96°27′57″E	29°45′16″N	5066	0.055	5O282A0818	135
GL69	96°28′38″E	29°45′31″N	5000	0.032	5O282A0818	0
GL70	96°26′08″E	29°47′01″N	5071	0.126	5O282A0817	511
GL71	96°27′19″E	29°47′48″N	4999	0.051	5N224E0007	129

续表

冰湖编码	经度	纬度	海拔 /m	面积 /km²	母冰川	冰湖－冰川距离 /m
GL72	96°26′08″E	29°48′04″N	5240	0.056	5O282A0812	241
GL73	96°25′54″E	29°47′47″N	5143	0.039	5O282A0816	0
GL74	96°23′01″E	29°48′11″N	4496	0.183	5O282A0808	653
GL75	96°23′02″E	29°48′40″N	4525	0.044	5O282A0808	1168
GL76	96°21′17″E	29°49′14″N	4917	1.023	5O282A0771	141
GL77	96°18′33″E	29°42′11″N	4863	0.085	5O282A0796	241
GL78	96°18′14″E	29°42′04″N	4750	0.024	5O282A0792	1139

我们提出了四个标准来筛选判别危险冰湖的评价指标。首先，评价指标应能从研究区已有的遥感影像和数据（如 1 ∶ 5 万地形图、DEM、Landsat 和 ALOS 影像）中方便获取。由于一些判别指标只能从高分辨率的遥感影像或实地考察获取，如冰湖蓄水量、终碛垄堤坝宽度（吕儒仁等，1999）、母冰川裂隙带前端宽度（Richardson and Reynolds，2000）以及冰碛垄坝体宽高比（Clague and Evans，2000；Huggel et al.，2002）等，因此它们没有被选入本研究的判别指标体系。其次，判别指标只包括那些通过青藏高原已溃决冰湖特征得到的指标。根据这一标准，那些基于非青藏高原地区冰湖溃决特征得到的判别指标也没有被选入本研究的判别指标体系。例如，冰碛垄坝顶距湖面高度（Blown and Church，1985）、冰碛垄坝顶距湖面高度与冰碛垄高度的比值（Huggel et al.，2004）是基于瑞士阿尔卑斯山脉和加拿大不列颠哥伦比亚地区得到的，所以也没有被选入本研究的判别指标体系。再次，判别指标的数据类型需是连续数据（数值形式），而不是名义数据（是或否）。这么做的原因是，在下一步的判别指标阈值划分中，需要对各个指标进行定量划分。最后，所选取的判别指标必须相互独立，没有重复。例如，对于冰湖 – 母冰川距离、冰湖 – 母冰川垂直落差以及冰湖与母冰川之间的坡度这三个指标来说，任何两个指标均可以通过计算获得第三个指标。因此，对于上述三个指标，选择其中两个即可；若全选，则会造成指标之间的重复性。

根据以上遴选标准，最终选择了六个指标进行冰湖危险性的判别（图 7.11）。这六个指标分别是：①冰湖面积；②母冰川面积；③冰湖与母冰川末端的距离；④冰湖与母冰川之间的坡度；⑤冰碛垄的坡度；⑥母冰川冰舌的坡度（Wang et al.，2011b）。这些指标包括冰湖、冰川的状态，冰碛坝体的稳定性以及导致冰湖溃决的最重要的外部触发因子——冰崩入湖，所有这些指标都决定了冰湖溃决概率的大小。冰湖的面积反映了该冰湖现阶段的状态。一般情况下，冰湖的蓄水量和冰湖面积有很好的相关性，面积大的冰湖比面积小的冰湖更有可能蓄更多的水，因此其溃决所带来的危害较大。母冰川的面积反映了补给冰湖水源的母冰川的状态，一般而言，面积大的母冰川比小冰川拥有更大的积累区面积和冰舌区面积。这样在发生冰崩、雪崩时，前者比后者有更多的物质补给，冰川末端的冰碛湖溃决的危险性也将更高。冰湖和母冰川的距离、

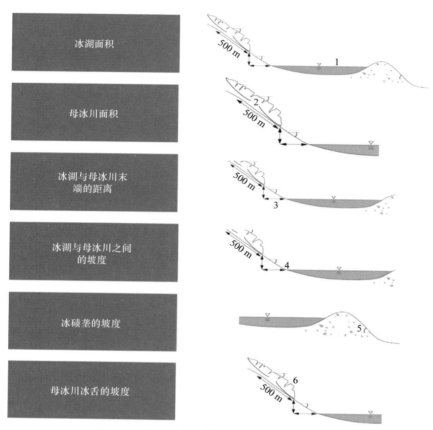

图 7.11　选取的六个判别潜在危险冰湖的指标

坡度可以指示冰川末端区冰崩或雪崩进入冰湖的可能性，距离越近，危险性越大。冰碛垄的坡度反映了冰碛坝的稳定性，在冰碛垄物质组成和松散程度相近的情况下，坡度越陡，坝体越不稳定，冰湖发生溃决的概率也越高。另外，冰舌区的坡度反映的是冰川末端区域发生冰崩的可能性，也是指示下游冰湖发生溃决概率大小的重要指标之一。

另外，这些指标的值都能够从现有的数据中方便获取。冰湖和母冰川的面积可以从 2009 年 ALOS 影像上勾画获取。母冰川的边界采用 1∶5 万的 DEM 在 ArcGIS 水文分析模块下自动勾画，同时结合地形图上的山脊线辅助分析获取。冰湖与母冰川末端的距离根据 ALOS 影像在 ArcGIS 中测量获取。冰湖与母冰川之间的坡度则通过式（7.4）计算获取：

$$\alpha = \arctan \frac{母冰川末端与冰湖的高度差}{冰湖与母冰川之间的距离} \tag{7.4}$$

对于母冰川与冰湖相连的情况，母冰川冰舌段的坡度近似为冰湖与母冰川之间的坡度。此外，在 ArcGIS 中对冰湖的 shapefile 文件生成 100 m 的缓冲区，用以定义冰碛垄，而母冰川冰舌则定义为从冰川末端开始往上的整个 500 m 区域。冰碛垄和母冰川冰舌的坡度是在定义好冰碛垄和冰舌之后，结合由 1 ：5 万 DEM 得到的坡度栅格图层自动计算得到的。

　　在筛选出六个判别冰湖危险性的指标后，有必要为每个指标设置不同的危险权重值，因为各个指标对冰湖的危险性影响程度不一。这里，采用构建模糊一致矩阵的方法来计算各个指标的危险权重值（姚敏和张森，1997）。模糊一致矩阵 $(A_{ij})_{m \times n}$ 是表示因素间两两重要性比较的矩阵，其中 $0 \leqslant A_{ij} \leqslant 1$，并且 $A_{ij} + A_{ji} = 1$。A_{ij} 表示因素 A_i 比因素 A_j 重要的隶属度，也就是说，A_{ij} 越大，因素 A_i 就比因素 A_j 越重要，而当 $A_{ij} = 0.5$ 时，则表示因素 A_i 与因素 A_j 同等重要（黄静莉等，2005）。模糊一致矩阵方法也常用于评价泥石流的危险性（王春磊等，2010；王子健等，2008）。

　　通过分析西藏地区部分有记录的冰湖溃决洪水，发现触发冰湖溃决的因素绝大部分是母冰川冰崩入湖和终碛垄埋藏冰的消融，而又以前者占主导。根据这一特点，结合人工经验知识，对筛选出的六个判别冰湖危险性指标进行两两比较，构建了模糊一致矩阵（表 7.6）。

表 7.6　构建的冰湖危险性指标的模糊一致矩阵

指标	A_1	A_2	A_3	A_4	A_5	A_6
A_1	0.5	0.6	0.2	0.3	0.35	0.25
A_2	0.4	0.5	0.1	0.2	0.25	0.15
A_3	0.8	0.9	0.5	0.6	0.65	0.55
A_4	0.7	0.8	0.4	0.5	0.55	0.45
A_5	0.65	0.75	0.35	0.45	0.5	0.4
A_6	0.75	0.85	0.45	0.55	0.6	0.5

　　注：A_{1-6} 分别代表六个判别指标，即①冰湖面积；②母冰川面积；③冰湖与母冰川末端的距离；④冰湖与母冰川之间的坡度；⑤冰碛垄的坡度；⑥母冰川冰舌的坡度。

　　在构建的模糊一致矩阵中，给予那些能反映冰崩入湖可能性大小的指标更大的赋值（如冰湖 – 冰川坡度、冰湖 – 冰川距离、母冰川冰舌坡度），以显示这些指标的重要性。最后通过式（7.5）来计算各个指标的危险权重值（w_i）：

$$w_i = \frac{1}{n} - \frac{1}{2a} + \frac{1}{na} \sum_{k=1}^{n} A_{ik} \tag{7.5}$$

其中，$a = \dfrac{n-1}{2}$。

　　通过计算，得到冰湖面积、母冰川面积、冰湖与母冰川末端的距离、冰湖与母冰川之间的坡度、冰碛垄的坡度和母冰川冰舌的坡度这六个指标的危险权重值分别为 0.1133、0.0733、0.2334、0.1933、0.1733 和 0.2134。按照危险权重值从高到低排序为：冰湖与母冰川末端的距离、母冰川冰舌的坡度、冰湖与母冰川之间的坡度、冰碛垄的坡度、冰湖面积、母冰川面积。对于研究区所有的 78 个冰碛湖，计算了以上六个判别冰湖危险性的指标值（图 7.12）。

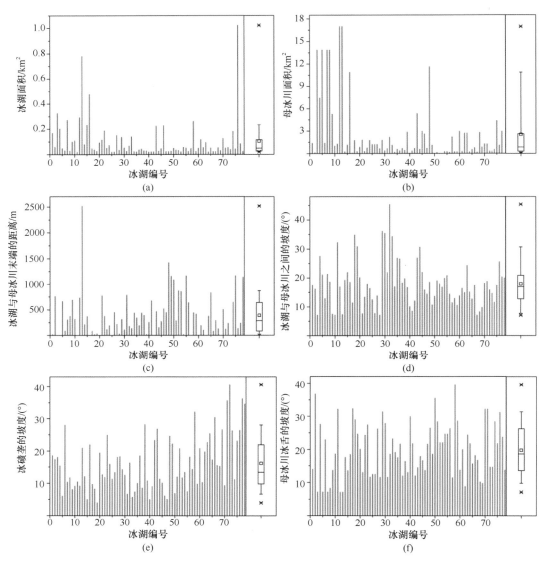

图 7.12　研究区 78 个冰碛湖的六个判别冰湖危险性指标值

每张小图右端为各个指标的统计分布，箱子中间为中位数，两端分别为上四分位数和下四分位数；空格点和星号分别为
平均值、最大最小值

　　根据各个指标值的统计分布特征，将每个指标划分为四个区间。划分的阈值采用
每个指标值的上四分位数、中位数和下四分位数（表 7.7）。每个区间根据危险等级的
不同，分别赋予不同的危险系数值（V）。危险系数值分别为 0.25、0.5、0.75 和 1。最后，
对于每一个冰湖，其总危险值（P）可通过式（7.6）计算得到：

$$P = \sum_{i=1}^{6} w_i V_i \tag{7.6}$$

式中，w_i 为指标 i 的危险权重；V_i 为该冰湖指标 i 的危险系数值。

表 7.7　划分判别指标的临界阈值以及每一区间的危险系数值

区间	I	II	III	IV
危险系数值 (V)	0.25	0.5	0.75	1
冰湖面积 /km²	<0.03	0.03～0.05	0.05～0.1	>0.1
母冰川面积 /km²	<0.5	0.5～1	1～2.5	>2.5
冰湖与母冰川末端的距离 /m	>600	300～600	80～300	<80
冰湖与母冰川之间的坡度 /(°)	<12	12～17	17～21	>21
冰碛垄的坡度 /(°)	<10	10～14	14～22	>22
母冰川冰舌的坡度 /(°)	<14	14～19	19～26	>26

　　研究区 78 个冰碛湖的总危险值（P）如图 7.13 所示。根据总危险值的累积曲线以及 P 值的统计分布特征，将 P 大于 0.8、0.7～0.8，0.5～0.7 和小于 0.5 的冰湖分别划分为非常高、高、中、低危险性的冰湖。这样，大致有 10%、15%、50% 和 25% 的冰碛湖分别为非常高、高、中、低危险性的冰湖。伯舒拉岭地区的所有冰湖的危险等级如图 7.14 所示，非常高危险性的冰湖详见表 7.8。

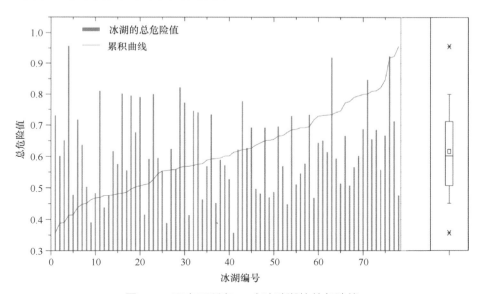

图 7.13　研究区所有 78 个冰碛湖的总危险值

根据所有 78 个冰湖总危险值的统计分布特征，分别将 P 大于 0.8、0.7～0.8、0.5～0.7 和小于 0.5 代表非常高、高、中、低危险性冰湖

7.2.5　潜在危险冰湖的溃决洪水模拟

　　以位于研究区东南方向的龙利错为例，进行溃决洪水模拟研究。龙利错在流域上属于冷曲流域，在行政区划上属于西藏昌都地区八宿县吉达乡。冰湖中心位置地理坐标为 29°43′55″N、96°35′23″E，湖面海拔 4810 m。该冰湖为弄利曲的源头，出水经弄利曲流向查曲卡，然后汇入冷曲。根据遥感影像分析，该冰湖在 1968 年、1988 年、

表 7.8　研究区识别出的非常高危险性冰湖的特征

冰湖编号	纬度	经度	海拔 /m	冰湖面积 /km²	母冰川面积 /km²	冰湖与母冰川末端的距离 /m	冰湖与母冰川之间的坡度 /(°)	冰碛垄的坡度 /(°)	母冰川的冰舌坡度 /(°)	总危险值 (P)
GL04	29°53'04"N	96°25'01"E	5167	0.203±0.009	7.45	0	27.6	15.4	27.6	0.957
GL11	29°47'53"N	96°30'06"E	5074	0.026±0.003	1.28	0	32.2	10.5	32.2	0.810
GL16	29°43'55"N	96°35'23"E	4809	0.478±0.019	10.89	0	18.5	22.0	18.5	0.802
GL23	29°41'53"N	96°37'08"E	5136	0.208±0.009	0.75	180	18.9	27.0	30.4	0.800
GL29	29°33'37"N	96°37'49"E	4891	0.137±0.008	1.78	315	36.1	14.2	31.4	0.822
GL63	29°43'13"N	96°29'52"E	5210	0.096±0.007	2.72	0	24.4	22.8	24.4	0.918
GL71	29°47'50"N	96°27'20"E	4999	0.051±0.004	1.28	130	18.7	35.7	32.2	0.847
GL76	29°49'21"N	96°21'10"E	4917	1.023±0.024	1.11	140	25.6	26.4	31.2	0.923
扎日错	90°48'30"N	28°22'50"E	4410	0.213±0.005	1.86	0	20.1	19.5	20.1	0.837
次仁玛错	86°03'54"N	28°04'36"E	4640	0.494±0.012	1.40	20	17.5	18.6	14.0	0.783
金错	87°38'29"N	28°11'39"E	5350	0.512±0.015	1.37	114	18.3	22.6	27.9	0.875
光湖错	94°30'00"N	29°30'00"E	3800	0.522±0.015	1.83	0	20.7	23.4	24.7	0.880
未名错 1	96°33'25"N	29°45'19"E	5026	0.215±0.005	1.14	100	15.5	15.8	26.3	0.783
未名错 2	96°27'56"N	29°45'12"E	5059	0.176±0.004	1.90	0	14.3	15.3	14.3	0.735

注：冰湖面积的误差是通过冰湖周长乘以影像元的一半得到。

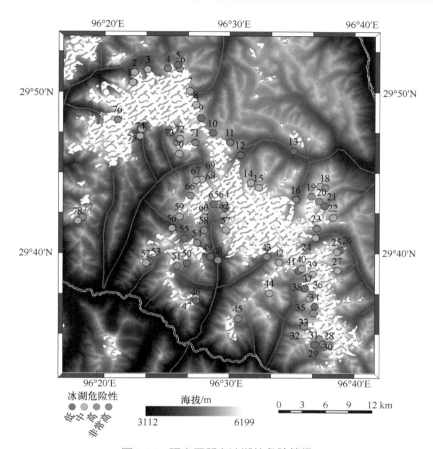

图 7.14　研究区所有冰湖的危险等级

2001 年、2005 年和 2009 年的面积分别为 0.169 km², 0.300 km², 0.402 km², 0.427 km² 和 0.478 km², 40 年间面积扩大了 180%（图 7.15）。在和当地村民的交谈中得知上游曾发生过冰湖溃决，这一事实与之前从遥感影像上得到的认识相一致（图 7.15），因此村民畏惧冰湖和圣山。这就需要对冰湖溃决的潜在影响范围进行评估，为指导下游地区的人们如何进行防灾减灾提供科学依据。

　　本研究采用美国陆军工程兵军团（US Army Corps of Engineers）开发的 HEC-RAS 模型和美国国家气象局（National Weather Service，NWS）的 Simplified Dambreak（SMPDBK）模型模拟龙利错发生溃决时洪水波及的范围、水深以及洪水的演进过程。

　　SMPDBK 和 HEC-RAS 是一维水力学模型，其优点在于相对简单，不必要求太多的河道横断面信息也能确保模型计算的稳定性。这里使用 SMPDBK 模型计算溃决洪水在龙利错下游各居民点的演进过程，用 HEC-RAS 模型模拟下游区域的洪水泛滥。模型所需的输入数据准备过程如图 7.16 所示，其中河道坡面和河道断面等信息通过研究区 1∶50000 地形图和 DEM 数据来获取（Wang et al., 2012a）。从河流形状来看，龙利错下游的河道狭窄弯曲，河流下切作用强烈。在河流中心线剖面上，离冰湖约 10 km 范围内，河道坡度很陡，特别是 7～10 km 的这一段区域内，海拔高差 1360 m，平均坡降达到

139

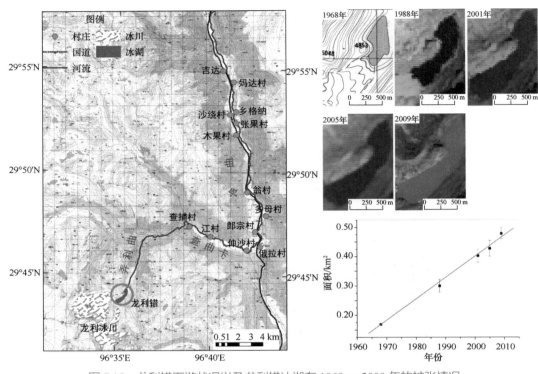

图 7.15　龙利错下游状况以及龙利错冰湖在 1968 ～ 2009 年的扩张情况

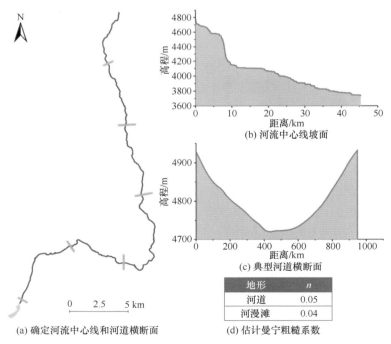

图 7.16　龙利错溃决模拟模型所需的输入数据

23%, 地势相当陡峭; 在 10 km 之后, 河道坡度变缓, 平均坡降为 10%。除了在下游村庄所在位置设置河道横断面之外, 还增加了一些横断面使得横断面的分布尽量均匀。从典型的河道横断面来看, 河道两侧陡峻。该区域河谷内物质松散, 这些松散碎屑物质可能会以崩塌、滑坡的方式向沟内聚集, 为溃决洪水储备了丰富的松散物质。此外, 河道和河漫滩的曼宁系数分别估计为 0.05 和 0.04。

图 7.17 是 SMPDBK 模型输出的龙利错溃决结果和洪水洪峰流量沿河道的变化曲线。可以看出, 冰湖溃决洪水最大洪峰流量在演进过程中逐渐变小。从溃决口到查捕村的 10 km 范围内由于河道狭窄且坡降大, 最大洪峰流量衰减较慢; 江村之后的河段由于河道逐渐变宽且坡降较缓, 洪峰流量持续衰减, 但洪水在到达距溃决口 35 km 处的吉达乡时, 其洪峰流量依然保持在 1000 m³/s 之上。这一模型还可以获得溃决洪水沿河道水位变化曲线, 以及各断面洪水水位数据和洪峰到达的时间, 为下游地区防灾减灾提供支撑。

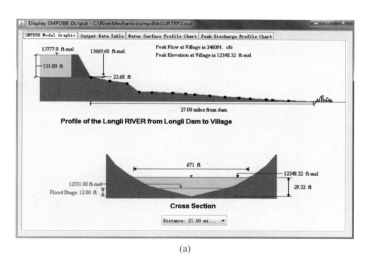

(a)

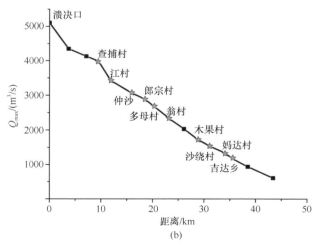

(b)

图 7.17　SMPDBK 模拟结果龙利错溃决洪水展示 (a) 和洪峰流量演进过程 (b)

另外，基于 HEC-RAS 模型模拟了龙利错冰湖溃决洪水泛滥图（图 7.18）。洪水模拟的结果显示，下游洪水泛滥区面积为 13.2 km²，平均水深约为 8.9 m。这和 SMPDBK 模拟的结果较一致，二者相互验证了模拟结果的可靠性。

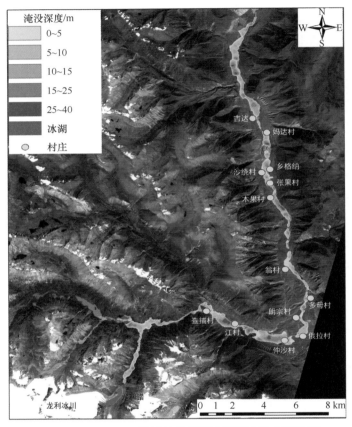

图 7.18　HEC-RAS 模拟的龙利错冰湖溃决洪水泛滥图

7.3　喜马拉雅山中段波曲流域冰川及冰湖变化

7.3.1　研究区概况

波曲流域（85°38′～88°57′E，27°49′～29°05′N）位于西藏日喀则地区的聂拉木县的南部、喜马拉雅山区的中段（希夏邦马峰与卓奥友峰之间），流域内分布有大面积的冰川和大量的冰湖（图 7.19）。国道 318 线（中国－尼泊尔公路）横穿该流域，从亚如雄拉山口进入，顺主河而下，至樟木口岸的友谊桥进入尼泊尔。聂拉木县城位于流域的中部，樟木口岸位于流域的正南边，是西藏重要通商口岸。该流域集中了全县大部分人口。自 1935 年以来，这一流域曾多次暴发大规模泥石流，严重威胁着该地区边贸和社会经济的发展。

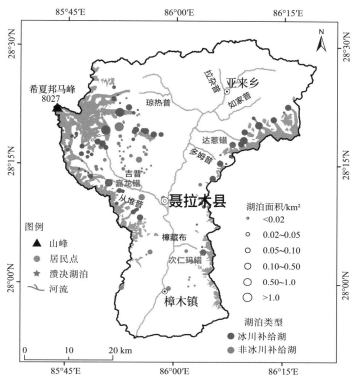

图 7.19 波曲流域位置示意图

波曲流域面积 2018.4 km²，流域内最高点为海拔 8012 m 的希夏邦马峰，沟口最低海拔 1468 m（宗曲与波曲的汇口），相对高差 6544 m。波曲流域形态近似肥厚的"L"形，主沟沟道长 86.5 km，流域内沟床纵比降变化较大，整体上呈现"上陡、中缓、下陡"的特征。该流域主沟两侧分布的支沟主要有：冲堆普、科亚普、腊扎普、如甲普、塔吉岭普、多工普、樟藏布等。

波曲流域由于地形高差大，气候类型变化明显。聂拉木县城（海拔 3760 m）年平均气温 2.1℃，最高气温 22.1℃，最低气温 –19.1℃；年平均降水量 583 mm，最大日降水量 107.6 mm，雨季集中在 6～8 月；降雪期长达 6 个月以上，1989 年累计最大积雪 3.2 m，平均降雪期达 90 余天。在降水量中，固态降雪量约占 40%。波曲流域年均径流量 31.7 m³/s，平均径流深 500 mm，年出境径流量 1×10⁸ m³（友谊桥）。主河和各主要支沟的径流变幅较小。

7.3.2 波曲流域冰川 1975～2010 年变化

1975 年，波曲流域冰川总面积为 249.8±7.6 km²。1975～2010 年的 35 年间，波曲流域冰川表面积总体退缩了 46.4 km²，退缩率约为 –18.6%，年均退缩率约 –0.53%/a，冰川条数减少了 5 条。其中，裸冰区（非表碛覆盖区）面积退缩了约 –28.0%，年均退

缩率为 –0.80%/a。从时段上看，1975 ～ 2000 年，整体冰川及裸冰区的变化率分别为 –0.45%/a、–0.71%/a；2000 ～ 2010 年，整体冰川及裸冰区的变化率分别为 –0.82%/a、–1.24%/a，冰川面积及裸冰区面积在后一时段退缩显著加快。相对于整个流域内冰川来说，裸冰区的退缩更为明显。冰川在表碛覆盖区域变化了约 12.7 km²，相对于 1975 年面积增加了约 33.2%，年均变化率为 0.95%/a（表 7.9）。这主要是由于部分冰川的裸冰区演化成表碛覆盖区域。

表 7.9　波曲流域各时段表碛覆盖冰川和非表碛覆盖冰川面积　（单位：km²）

	面积		
	1975 年	2000 年	2010 年
非表碛覆盖冰川	211.5±6.3	174.0±1.7	152.4±3.8
表碛覆盖冰川	38.3±1.3	47.5±0.7	51.0±1.5
全部	249.76±7.6	221.5±2.5	203.4±5.3

由前面的研究可知（见 2.3 节），表碛覆盖对冰川退缩可能具有延缓作用。波曲流域内有表碛覆盖冰川分布（图 7.20），其前端位置近 35 年间几乎不变，而在影像上体现其变化的部分更多地表现为后部由于非表碛覆盖冰川后退而形成的新表碛（图 7.21）。在统计含有表碛覆盖的冰川面积时，往往由于其前端位置变化很小或没有变化而掩盖了后部裸冰区可能发生的变化。

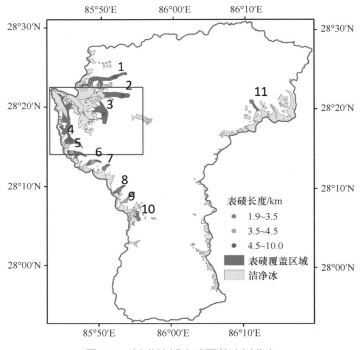

图 7.20　波曲流域表碛覆盖冰川分布

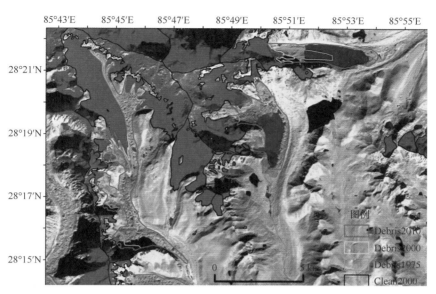

图 7.21　波曲流域表碛覆盖冰川变化示例

底图为 2000 年 11 月 22 日 LandsatETM+ B7/5/2 合成影像

图 7.22 显示了流域内确定的 11 条前端含有表碛覆盖区域的冰川在 1975 ～ 2010 年裸冰区的变化率和整体冰川面积的变化率。裸冰区冰川面积退缩速率远大于包含表碛区域的整体冰川变化速率，显示了表碛覆盖区域在冰川面积变化率的统计中极大地降低了整体冰川的变化速率，从而可能遮掩了冰川在裸冰区发生的剧烈变化。表碛覆盖区域占整体冰川面积比例越大，这种遮掩效应就越明显。例如，编号 2 的冰川（图 7.20），其后部裸冰区 35 年间缩小了 38.2%，但由于其冰川表碛覆盖区域较大，达到 38.1%，

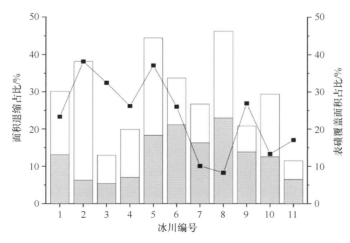

图 7.22　1975 ～ 2010 年波曲流域非表碛冰川、整体冰川面积变化比例及
1975 年表碛覆盖区域占冰川面积比例

冰川编号与图 7.20 对应。白色柱代表非表碛冰川退缩速率；灰色柱代表整条冰川退缩速率；
点代表表碛覆盖区域占整条冰川面积比例

因此如果以整体面积计算，整体冰川面积变化率仅为 –6.3%。这种现象在这 11 条表碛覆盖冰川中大多数都比较突出，甚至当表碛覆盖区域只占整体冰川面积不到 10% 的比例时也有所体现。因此，在统计冰川变化时需要注意表碛覆盖区域可能带来的一系列影响。

流域内冰川的规模对冰川变化有显著影响，而冰川面积变化速率主要受其面积大小的影响。小规模的冰川变化速率较快，大规模的冰川变化速率较慢。1975 ～ 2000 年，0.01 ～ 0.1 km^2 冰川裸冰区的退缩速率达 –1.82%/a，而 >10.0 km^2 规模的冰川只有 –0.47%/a。流域内的冰川裸冰区在该时段内平均退缩速率为 –0.71%/a，接近于 1.0 ～ 5.0 km^2、5.0 ～ 10.0 km^2 这两个规模等级冰川裸冰区的平均退缩速率。2000 ～ 2010 年，规模等级为 0.01 ～ 0.1 km^2 的冰川具有最快的退缩率，其速率达到 –3.22%/a，退缩速率最慢冰川的规模等级为 5.0 ～ 10.0 km^2，退缩速率为 –0.66%/a（表 7.10）。相比大规模冰川，小规模冰川退缩速率更为明显。0.01 ～ 0.1 km^2 增加了约 1.4%/a，而 >10.0 km^2 只增加 0.5%/a。2000 ～ 2010 年冰川平均退缩速率为 –1.24%/a，介于 1.0 ～ 5.0 km^2、>10 km^2 这两个规模等级的冰川平均退缩速率之间。

表 7.10　1975 ～ 2010 年波曲流域不同规模冰川裸冰区年均变化率

等级 /km^2	数量		面积变化 /(%/a)		
	1975 年	2000 年	1975 ～ 2000 年	2000 ～ 2010 年	1975 ～ 2010 年
0.01 ～ 0.1	13	28	–1.82	–3.22	–1.71
0.1 ～ 0.5	55	49	–1.35	–2.29	–1.42
0.5 ～ 1.0	25	21	–1.11	–1.79	–1.20
1.0 ～ 5.0	23	23	–0.73	–1.40	–0.82
5.0 ～ 10.0	9	4	–0.72	–0.66	–0.77
>10.0	4	4	–0.47	–1.00	–0.59
总计	129	129	–0.71	–1.24	–0.80

波曲流域冰川朝向上的面积变化在两个时段间显示出了一定的差异（图 7.23）。1975 ～ 2000 年，东南向冰川面积退缩最快，达到 –1.24%/a，整个北向（包括西北向、北向、东北向三个方向）冰川退缩较慢，其中西北向、北向及东北向分别只有 –0.53%/a、–0.58%/a、–0.79%/a；其余的南向、东向、西南向、西向分别为 –0.57%/a、–0.86%/a、–0.67%/a、–0.93%/a。而 2000 ～ 2010 年，整个北向冰川退缩增幅最大，西北向、北向、东北向冰川的年均退缩速率分别为 –1.07%/a、–1.57%/a 和 –1.68%/a；东向冰川有所减少，为 –0.55%/a；整个南向冰川在原来速率上也有所增加，东南向、南向、西南向分别为 –1.34%/a、–0.90%/a、–1.04%/a，西向为 –1.25%/a。从两个时段可以看出，除东向外，其余各方向冰川面积年均退缩速率均有所增加，而且近 10 年来北向冰川变化剧烈，退缩速率增幅较大。

据 2010 年的冰川分布情况，波曲流域的北向冰川发育数量较多，共有 60 条冰川，

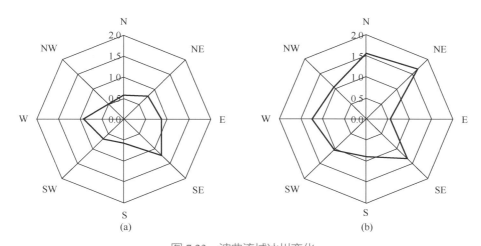

图 7.23　波曲流域冰川变化

（a）1975 ～ 2000 年冰川面积朝向变化年均退缩率；（b）2000 ～ 2010 年冰川面积朝向变化年均退缩率

占波曲流域冰川数量的 48.39%，其面积占总面积的 57.27% 以上。冰川朝向分布的现状表明，波曲流域朝北方向更适合冰川发育。一些研究认为冰川各朝向与冰川面积变化并无太大联系（Bolch et al.，2010；Tennant et al.，2012），也有研究认为冰川朝向对当地冰川变化有一定的影响（Pandey and Venkataraman，2013），这表明不同区域朝向对冰川的影响有所不同。在波曲流域，1975 ～ 2000 年，北向冰川退缩速率较低，显示出朝北发育的冰川对退缩有一定抑制作用。

7.3.3　1976 ～ 2010 年波曲流域冰湖变化

　　1976 ～ 2010 年，波曲流域冰湖发生了显著变化，冰湖数量和面积都出现了迅速增长的现象。表 7.11 总结了该时段内冰湖在四个时期的变化情况。在这 34 年中，面积增加了 83.1%，扩张率达到 0.26 km^2/a。该区域冰川补给湖与非冰川补给湖呈现出不同的趋势，前者 1976 ～ 2010 年表现出一种持续加速扩张的现象，后者同期则表现出相对稳定的趋势。

　　对每一个冰湖在 1976 ～ 2010 年间的变化进行了追踪研究，以解决每个湖泊的演变过程（图 7.24）。每个时期的湖泊状况都可以分为四类：新出现的湖泊（在前一阶段没有检测到），面积增加的湖泊（湖泊面积在两个阶段显著增加），面积萎缩的湖泊（两个时段湖泊面积显著减少），无显著变化的湖泊（湖区面积的变化在误差范围内）。观察期间大多数冰湖（83%）的面积表现出连续性增长（图 7.24）。在非冰川补给湖泊中，有 20% ～ 40% 的湖泊在不同的时期面积有所减小。需要指出的是，在 1976 年的 Landsat 图像中，一些湖泊无法识别，可能是因为这一时期的图像分辨率差。

　　此外，波曲流域新出现的湖泊都是冰川补给湖。在 1976 ～ 2010 年，这些冰湖均表现出持续增长趋势。而且这些冰湖全都朝着为它们补给的冰川方向扩张，大多数可

表 7.11　波曲流域湖泊变化（1976～2010 年）

湖泊类型	数量				面积 /km²				扩张速率 /(km²/a)			
	1976 年	1991 年	2000 年	2010 年	1976 年	1991 年	2000 年	2010 年	1976～1991 年	1991～2000 年	2000～2010 年	1976～2010 年
冰川补给湖	33	36	44	49	7.18	9.50	12.06	15.95	0.15	0.28	0.39	0.26
非冰川补给湖	19	19	19	20	3.50	3.65	3.61	3.60	0.01	-0.004	-0.001	0.003
总计	52	55	63	69	10.68	13.15	15.67	19.55	0.16	0.28	0.39	0.26

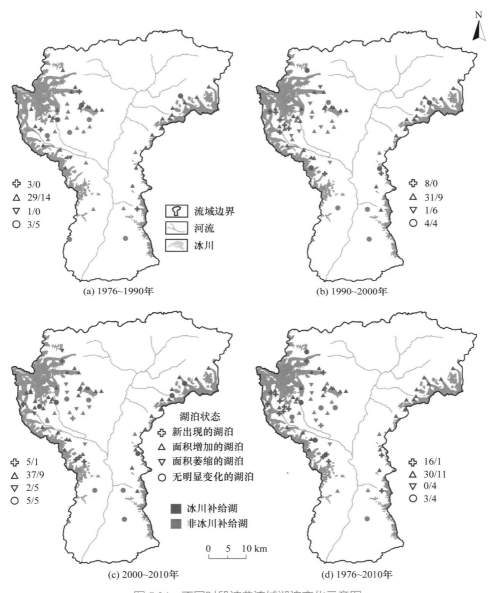

图 7.24   不同时段波曲流域湖泊变化示意图

能是因为退缩的母冰川提供了冰湖扩大的空间。几乎所有冰湖都是冰碛表面的排水湖，因此易于发生溃决，进而引发洪水灾害。在研究的 69 个冰湖中，确定了 7 个溃决风险较高的冰湖（图 7.25 中的红点）。这些具有潜在危险的冰湖也在迅速扩张，包括嘎龙错、杠西错和次仁玛错。

可以看出，波曲流域内冰湖的数量和面积整体上呈增加趋势。这一趋势在整个兴都库什 – 喜马拉雅地区也都存在。而且，冰湖（包括具有"潜在威胁"的冰湖）数量增加，面积扩张，这一趋势近期还将持续，但近期冰湖溃决洪水的频率是否增加还

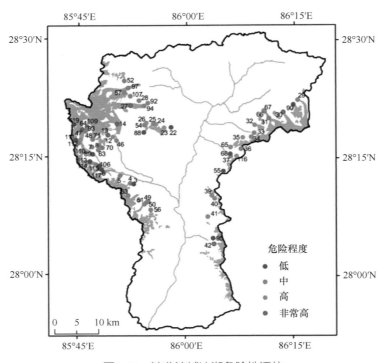

图 7.25　波曲流域冰湖危险性评估

缺乏明确的结论（Wester，2019）。有观点认为，20 世纪 80 年代以来，喜马拉雅山地区冰湖溃决洪水的发生频率没有变化（Veh et al.，2019）。整体来看，冰湖扩张导致冰湖水量增加，这就增大了溃决的可能性以及溃决后的洪水总量和洪峰流量，进而增大了危害程度。因此，由于冰湖在数量上和面积上的增加，表明其溃决的风险程度在增加。

7.3.4　次仁玛错冰湖溃决模拟

在模拟次仁玛错可能的冰湖溃决之前，使用 HEC-RAS 2D 模型重建 1981 年该冰湖的溃决过程，以验证模型的可靠性。运用 HEC-RAS 水力学模型在进行洪水模拟时主要有两种模拟方法：稳定流和非稳定流（Horritt and Bates，2002）。本章研究采用非稳定流来模拟冰湖溃决洪水。该模型软件是用一维的 St Venant 方程来计算水流在开口河道中的流动。该模型认为水流在河道和河漫滩之间水平方向上的流动可以忽略不计（Alho and Aaltonen，2008），因此，沿水流方向上的流量依据流动系数进行分配。用 HEC-RAS 模型进行非稳定流模拟的过程其实就是求解一维 St Venant 方程的过程（USACE，2010）：

$$\frac{\partial A}{\partial t}+\frac{\partial \phi Q}{\partial x_{\mathrm{c}}}+\frac{\partial (1-\phi)Q}{\partial x_{\mathrm{f}}}=0 \tag{7.7}$$

$$\frac{\partial Q}{\partial t} + \frac{\partial}{\partial x_c}\left(\frac{\phi^2 Q^2}{A_c}\right) + \frac{\partial}{\partial x_f}\left[\frac{(1-\phi)^2 Q^2}{A_f}\right] + gA_c\left(\frac{\partial z}{\partial x_c} + S_c\right) + gA_f\left(\frac{\partial z}{\partial x_f} + S_f\right) = 0 \qquad (7.8)$$

$$\phi = \frac{K_c}{K_c + K_f} \qquad (7.9)$$

$$K = \frac{A^{5/3}}{nP^{2/3}} \qquad (7.10)$$

$$S_c = \frac{\phi^2 Q^2 n_c^2}{R_c^{4/3} A_c^2} \qquad (7.11)$$

$$S_f = \frac{(1-\phi)^2 Q^2 n_f^2}{R_c^{4/3} A_f^2} \qquad (7.12)$$

式中，Q 为总流量；A_c 和 A_f 分别为水流在河道和河漫滩中的横截面面积；x_c 和 x_f 分别为水流沿河道和河漫滩的距离，各水流横截面之间的 x_c 和 x_f 由于河道的弯曲程度不同而有所差别；P 为润湿周边；R 为水力半径（A/P）；n 为曼宁粗糙度系数；S 为摩擦比降。根据河道和河漫滩的流动系数 K_c 和 K_f，ϕ 决定了水流在河道和河漫滩间的分流情况。这些方程用有限差分的方法进行离散化，并用四点时空偏心隐格式求解得到方程的数值解。

在 HEC-RAS 模型中进行了两次模拟，分别使用 15 m 分辨率的 DEM 5 和 90 m 分辨率的 SRTM DEM。DEM 5 只模拟至下游中尼边境的友谊桥，因为 15 m 分辨率只覆盖中国境内。而 SRTM 模拟在下游运行至 Bharabise 桥，这是因为 SRTM 有更广范围的数据，能与模拟结果进行比较（Xu，1988）。结果显示，可以使用该模型对未来的 GLOF 建模。

运行 HEC-RAS 模型模拟未来次仁玛错可能发生的 GLOF 事件，并使用 SRTM DEM 作为洪水淹没区范围的数据（图 7.26）。在建模中，假设冰湖中所有的水都被排空而且河道和河漫滩的曼宁粗糙度系数均为 0.15。模拟结果显示，洪水波及了 46 km 长的河段，深度为 14.1 m，淹没区域为 9.4 km²。建模结果也表明溃决洪水的平均速度为 2.97 m/s，洪水到达友谊桥需要耗时 1h14min（Wang et al.，2018）。这一模拟结果可用作灾害应对措施的基础。

在模拟的敏感性分析中，通过调整曼宁粗糙度系数和溃决水量来检验模拟结果的差异。用于测试的曼宁粗糙度系数的范围为 0.05 ～ 0.30，溃决水量范围为 5×10^6 ～ 18×10^6 m³，其他参数不变。敏感性分析表明，曼宁粗糙度系数的差异（0.05 ～ 0.30）只是引起洪水淹没面积变化 0.3 km² 和水深变化 0.76 m，但能够导致洪水到达友谊桥的时间滞后 30min。溃决水量的增加导致洪水淹没面积和平均水深的显著增加。这证实了更大的曼宁粗糙度系数滞后了洪水到达时间和增加了洪水水深。需要指出的是，本书研究仅考虑在非侵蚀性河道情形下的 GLOF 水力学模拟，而冰湖溃决洪水经常伴随泥石流，从洪水到泥石流的转变与河道坡度和河道物质的颗粒组成密切相关。

图 7.26　重建 1981 年的冰湖溃决事件

（a）次仁玛措区域地形图，绿点表示模型验证点；（b）模拟的水位分布图；（c）模拟的最大流速图

参 考 文 献

曹敏, 李忠勤, 李慧林. 2011. 天山托木尔峰地区青冰滩72号冰川表面运动速度特征研究. 冰川冻土, 33(1): 21-29.

曹泊, 王杰, 潘保田, 等. 2013. 祁连山东段宁缠河1号冰川和水管河4号冰川表面运动速度研究. 冰川冻土, 35(6): 1428-1435.

程尊兰, 朱平一, 宫怡文. 2003. 典型冰湖溃决型泥石流形成机制分析. 山地学报, 21(6): 716-720.

高登义, 邹捍, 王维. 1985. 雅鲁藏布江水汽通道对降雨的影响. 山地研究, 3(4): 239-249.

韩海东, 刘时银, 丁永建. 2007. 表碛下冰面消融模型的改进. 冰川冻土, 29(3): 433-439.

黄静莉, 王常明, 王钢城, 等. 2005. 模糊综合评判法在冰湖溃决危险度划分中的应用——以西藏自治区洛扎县为例. 地球与环境, 33(增刊): 109-114.

黄茂桓, 施雅风. 1988. 三十年来我国冰川基本性质研究的进展. 冰川冻土, 10(3): 228-237.

黄茂桓, 孙作哲. 1982. 我国大陆型冰川运动的某些特征. 冰川冻土, 4(2): 35-45.

蒋熹, 王宁练, 贺建桥, 等. 2010. 山地冰川表面分布式能量–物质平衡模型及其应用. 科学通报, 55(18): 1757-1765.

井哲帆. 2007. 气候变化背景下中国若干典型冰川的运动及其变化. 兰州: 寒区旱区环境与工程研究所.

井哲帆, 姚檀哲, 王宁练. 2003. 普若岗日冰原表面运动特征观测研究进展. 冰川冻土, 25(3): 288-290.

井哲帆, 叶柏生, 焦克勤, 等. 2002. 天山奎屯河哈希勒根51号冰川表面运动特征分析. 冰川冻土, 24(5): 563-566.

井哲帆, 周在明, 刘力. 2010. 中国冰川运动速度研究进展. 冰川冻土, 32(4): 749-754.

康尔泗, Ohmura A. 1994. 天山冰川作用流域能量、水量和物质平衡及径流模型. 中国科学(B辑), (9): 983-991.

李吉均, 郑本兴, 杨锡金, 等. 1986. 西藏冰川. 北京: 科学出版社.

李佳. 2012. 利用 SAR 技术监测天山托木尔峰区冰川运动. 长沙: 中南大学.

李晶, 刘时银, 张勇. 2007. 天山南坡科契卡尔巴西冰川消融期雪面能量平衡研究. 冰川冻土, 29(3): 366-373.

刘娟, 姚晓军, 高永鹏, 等. 2019. 帕隆藏布流域冰湖变化及危险性评估. 湖泊科学, 31(4): 1132-1143.

刘巧, 张勇. 2017. 贡嘎山海洋型冰川监测与研究: 历史、现状与展望. 山地学报, 35(5): 717-726.

刘时银, 上官冬辉, 丁永建, 等. 2005. 20世纪初以来青藏高原东南部岗日嘎布山的冰川变化. 冰川冻土, 27(1): 55-63.

刘时银, 姚晓军, 郭万钦, 等. 2015. 基于第二次冰川编目的中国冰川现状. 地理学报, 70(1): 3-16.

刘宇硕, 秦翔, 杜文涛, 等. 2010. 祁连山老虎沟12号冰川运动特征分析. 冰川冻土, 32(3): 475-479.

鲁安新. 2006. 青藏高原冰川与湖泊现代变化关系研究. 兰州: 中国科学院寒区旱区环境与工程研究所.

鲁红莉, 韩海东, 许君利, 等. 2014. 天山南坡科其喀尔冰川消融区运动特征分析. 冰川冻土, 36(2): 248-258.

吕儒仁, 唐邦兴, 李德基. 1999. 西藏泥石流与环境. 成都: 成都科技大学出版社.

施雅风. 2000. 中国冰川与环境–现在、过去和未来. 北京: 科学出版社.

施雅风, 刘时银. 2000. 中国冰川对21世纪全球变暖响应的预估. 科学通报, 45(4): 434-438.

孙美平, 刘时银, 姚晓军, 等. 2014. 2013年西藏嘉黎县"7.5"冰湖溃决洪水成因及潜在危害. 冰川冻土,

36（1）：158-165.

孙永玲，江利明，柳林，等. 2016. 基于Landsat-7ETM+SLC-OFF影像的山地冰川流速提取与评估——以Karakoram锡亚琴冰川为例. 冰川冻土，38（3）：596-603.

王春磊，吴云刚，隗锦涛. 2010. 模糊综合评判法在泥石流危险度评价中的应用. 安全与环境工程，17（3）：14-16.

王国亚，沈永平. 2011. 天山乌鲁木齐河源1号冰川面积变化对物质平衡计算的影响. 冰川冻土，33（1）：1-7.

王坤，井哲帆，吴玉伟，等. 2014. 祁连山七一冰川表面运动特征最新观测研究. 冰川冻土，36（3）：537-545.

王伟财. 2011. 警惕青藏高原上的冰湖溃决洪水灾害. 大自然，（4）：16-18.

王欣，刘时银，郭万钦，等. 2009. 我国喜马拉雅山区冰碛湖溃决危险性评价. 地理学报，64（7）：782-790.

王志超，张振栓，陈亚宁. 1993. 南迦巴瓦峰古冰川作用初步研究//南迦巴瓦峰登山综合科学考察. 北京：科学出版社.

王中隆，邓养鑫，曾祥银，等. 1982. 西藏古乡海洋型冰川发育的水热条件//中国科学院兰州冰川冻土研究所集刊，第3号.

王子健，肖盛燮，戴廷利，等. 2008. 泥石流危险度模糊综合评判方法及应用. 重庆交通大学学报（自然科学版），27（5）：794-798.

吴坤鹏，刘时银，鲍伟佳，等. 2017. 1980-2015年青藏高原东南部岗日嘎布山冰川变化的遥感监测. 冰川冻土，39（1）：24-34.

辛晓冬，姚檀栋，叶庆华，等. 2009. 1980-2005年藏东南然乌湖流域冰川湖泊变化研究. 冰川冻土，31（1）：19-26.

徐鹏，朱海峰，邵雪梅，等. 2012. 树轮揭示的藏东南米堆冰川小冰期以来的进退历史. 中国科学：地球科学，42（3）：380-389.

杨威，姚檀栋，徐柏青，等. 2008. 青藏高原东南部岗日嘎布地区冰川严重损耗与退缩. 科学通报，53（17）：2091-2095.

杨威，姚檀栋，徐柏青，等. 2010. 近期藏东南帕隆藏布流域冰川的变化特征. 科学通报，55（18）：1775-1780.

姚敏，张森. 1997. 模糊一致矩阵及其在软科学中的应用. 系统工程，15（2）：54-57.

姚檀栋，李治国，杨威，等. 2010. 雅鲁藏布江流域冰川分布和物质平衡特征及其对湖泊的影响. 科学通报，55（18）：1750-1756.

姚檀栋，余武生，邬光剑，等. 2019. 青藏高原及周边地区近期冰川状态失常与灾变风险. 科学通报，64（27）：2770-2782.

姚晓军，刘时银，孙美平，等. 2014. 20世纪以来西藏冰湖溃决灾害事件梳理. 自然资源学报，29（8）：1377-1390.

叶笃正，高由禧. 1979. 青藏高原气象学. 北京：科学出版社.

张国梁，潘保田，王杰，等. 2010. 基于遥感和GPS的贡嘎山地区1966-2008年现代冰川变化研究. 冰川冻土，32（3）：454-460.

张宁宁, 何元庆, 段克勤, 等. 2008. 贡嘎山西坡贡巴冰川近25a的变化情况. 冰川冻土, 30(3): 380-382.

张文敬. 1983. 南迦巴瓦峰的跃动冰川的某些特征. 冰川冻土, 3(4): 234-238.

张文敬. 1993. 南迦巴瓦峰现代冰川的一些特征//南迦巴瓦峰登山综合科学考察. 北京: 科学出版社.

张寅生, 姚檀栋, 蒲健辰, 等. 1996. 唐古拉山冬克玛底冰川平衡线高度附近的能量平衡. 冰川冻土, 18(1): 10-19.

中国科学院登山科学考察队. 1993. 南迦巴瓦峰登山综合科学考察. 北京: 科学出版社.

中国科学院登山科学考察队. 1996. 南迦巴瓦峰地区自然地理与自然资源. 北京: 科学出版社.

周建民, 李震, 李新武. 2009. 基于ERS tandem干涉数据提取青藏高原冰川地形和运动速度的方法. 高技术通讯, 19(9): 964-970.

周在明, 李忠勤, 李慧林, 等. 2009. 天山乌鲁木齐河源区1号冰川运动速度特征及其动力学模拟. 冰川冻土, 31(1): 55-61.

Ageta Y, Higuchi K. 1984. Estimation of mass balance components of a summer-accumulation type glacier in the Nepal Himalaya. Geografiska Annaler Series A-Physical Geography, 66(3): 249-255.

Aizen V B, Aizen E M, Joswiak D R, et al. 2006. Climatic and atmospheric circulation pattern variability from ice-core isotope/geochemistry records (Altai, Tien Shan and Tibet). Annals of Glaciology, 43: 49-60.

Alexander D J, Davies T R H, Shulmeister J. 2013. Basal melting beneath a fast-flowing temperate tidewater glacier. Annals of Glaciology, 54(63): 265-271.

Alexander D J, Shulmeister J, Davies T. 2011. High basal melting rates within high-precipitation temperate glaciers. Journal of Glaciology, 57(205): 789-795.

Alho P, Aaltonen J. 2008. Comparing a 1D hydraulic model with a 2D hydraulic model for the simulation of extreme glacial outburst floods. Hydrological Processes, 22(10): 1537-1547.

Allen S K, Owens I, Sirguey P. 2008. Satellite remote sensing procedures for glacial terrain analyses and hazard assessment in the Aoraki Mount Cook region, New Zealand. New Zealand Journal of Geology and Geophysics, 51(1): 73-87.

Allen S K, Rastner P, Arora M, et al. 2015. Lake outburst and debris flow disaster at Kedarnath, June 2013: hydrometeorological triggering and topographic predisposition. Landslides, 13(6): 1479-1491.

Allen S K, Schneider D, Owens I F. 2009. First approaches towards modelling glacial hazards in the Mount Cook region of New Zealand's Southern Alps. Natural Hazards and Earth System Sciences, 9: 481-499.

Allen S K, Zhang G Q, Wang W C, et al. 2019. Potentially dangerous glacial lakes across the Tibetan Plateau revealed using a large-scale automated assessment approach. Science Bulletin, 64(7): 435-445.

Andreas E L. 1987. A theory for the scalar roughness and the scalar transfer coefficients over snow and sea ice. Boundary-Layer Meteorology, 38(1): 159-184.

Bajracharya S R, Mool P K. 2009. Glaciers, glacial lakes and glacial lake outburst floods in the Mount Everest region. Annals of Glaciology, 50(53): 81-86.

Benn D I, Bolch T, Hands K, et al. 2012. Response of debris-covered glaciers in the Mount Everest region to recent warming, and implications for outburst flood hazards. Earth-Science Reviews, 114(1-2): 156-

174.

Bhambri R, Bolch T, Chaujar R K. 2012. Frontal recession of Gangotri Glacier, Garhwal Himalayas, from 1965 to 2006, measured through high-resolution remote sensing data. Current Science: A Fortnightly Journal of Research, 102 (3): 489-494.

Blown I, Church M. 1985. Catastrophic lake drainage within the Homathko River basin, British Columbia. Canadian Geotechnical Journal, 22 (4): 551-563.

Bolch T, Buchroithner M F, Peters J, et al. 2008. Identification of glacier motion and potentially dangerous glacial lakes in the Mt. Everest region/Nepal using spaceborne imagery. Natural Hazards and Earth System Sciences, 8 (6): 1329-1340.

Bolch T, Peters J, Yegorov A, et al. 2011. Identification of potentially dangerous glacial lakes in the northern Tien Shan. Natural Hazards, 59 (3): 1691-1714.

Bolch T, Yao T, Kang S, et al. 2010. A glacier inventory for the western Nyainqentanglha Range and the Nam Co Basin, Tibet, and glacier changes 1976-2009. The Cryosphere, 4 (3): 419-433.

Braithwaite R. 1995. Positive degree-day factors for ablation on the Greenland ice sheet studied by energy-balance modelling. Journal of Glaciology, 41 (137): 153-160.

Brauning A. 2006. Tree-ring evidence of 'Little Ice Age' glacier advances in southern Tibet. Holocene, 16 (3): 369-380.

Brun F, Berthier E, Wagnon P, et al. 2017. A spatially resolved estimate of High Mountain Asia glacier mass balances from 2000 to 2016. Nature Geoscience, 10 (9): 668-673.

Chen X Q, Cui P, Li Y, et al. 2007. Changes in glacial lakes and glaciers of post-1986 in the Poiqu River basin, Nyalam, Xizang (Tibet). Geomorphology, 88 (3-4): 298-311.

Clague J J, Evans S G. 1994. Formation and failure of natural dams in the Canadian Cordillera. Geological Survey of Canada Bulletin, 464.

Clague J J, Evans S G. 2000. A review of catastrophic drainage of moraine-dammed lakes in British Columbia. Quaternary Science Reviews, 19 (17/18): 1763-1783.

Dehecq A, Gourmelen N, Gardner A S, et al. 2019. Twenty-first century glacier slowdown driven by mass loss in High Mountain Asia. Nature Geoscience, 12 (1): 22-27.

Ding B, Yang K, Yang W, et al. 2017. Development of a Water and Enthalpy Budget-based Glacier mass balance Model (WEB-GM) and its preliminary validation. Water Resources Research, 53 (4): 3146-3178.

Dobhal D P, Mehta M. 2010. Surface morphology, elevation changes and Terminus retreat of Dokriani Glacier, Garhwal Himalaya: implication for climate change. Himalayan Geology, 31 (1): 71-78.

Fang L, Xu Y, Yao W, et al. 2016. Estimation of glacier surface motion by robust phase correlation and point like features of SAR intensity images. ISPRS Journal of Photogrammetry and Remote Sensing, 121: 92-112.

Fujita K, Ageta Y. 2000. Effect of summer accumulation on glacier mass balance on the Tibetan Plateau revealed by mass-balance model. Journal of Glaciology, 46 (153): 244-252.

Fujita K, Sakai A, Takenaka S, et al. 2013. Potential flood volume of Himalayan glacial lakes. Natural Hazards and Earth System Sciences, 13 (7): 1827-1839.

Fujita K, Suzuki R, Nuimura T, et al. 2008. Performance of ASTER and SRTM DEMs, and their potential for assessing glacial lakes in the Lunana region, Bhutan Himalaya. Journal of Glaciolgoy, 54 (185): 220-228.

Fujita K. 2008. Effect of precipitation seasonality on climatic sensitivity of glacier mass balance. Earth and Planetary Science Letters, 276 (1-2): 14-19.

Fyffe C L, Reid T D, Brock B W, et al. 2014. A distributed energy-balance melt model of an alpine debris-covered glacier. Journal of Glaciology, 60 (221): 587-602.

Gardelle J, Arnaud Y, Berthier E. 2011. Contrasted evolution of glacial lakes along the Hindu Kush Himalaya mountain range between 1990 and 2009. Global and Planetary Change, 75 (1/2): 47-55.

Giesen R H, van den Broeke M R, Oerlemans J, et al. 2008. Surface energy balance in the ablation zone of Midtdalsbreen, a glacier in southern Norway: interannual variability and the effect of clouds. Journal of Geophysical Research, 113 (d21): D21111.

Goldstein R M, Engelhardt H, Kamb B, et al. 1993. Satellite radar interferometry for monitoring ice sheet motion: application to an Antarctic ice stream. Science, 262: 1525-1525.

Guo X, Yang K, Zhao L, et al. 2011. Critical evaluation of scalar roughness length parametrizations over a melting valley glacier. Boundary Layer Meteorol, 139 (2): 307-332.

Haeberli W, Beniston M. 1998. Climate change and its impacts on glaciers and permafrost in the Alps. Ambio, 27: 258-265.

Haeberli W, Maisch M, Paul F. 2002. Mountain glaciers in global climate-related observation networks. World Meteorological Organization Bulletin, 51 (1): 18-25.

Haeberli W, Schaub Y, Huggel C. 2016. Increasing risks related to landslides from degrading permafrost into new lakes in de-glaciating mountain ranges. Geomorphology, 293: 405-417.

Heid T, Kääb A. 2012. Evaluation of existing image matching methods for deriving glacier surface displacements globally from optical satellite imagery. Remote Sensing of Environment, 118: 339-355.

Holtslag B, de Bruin H. 1988. Applied modeling of the nighttime surface energy balance over land. Journal of Applied Meteorology and Climatology, 27 (6): 689-704.

Horritt M S, Bates P D. 2002. Evaluation of 1D and 2D numerical models for predicting river flood inundation. Journal of Hydrology, 268 (1/4): 87-99.

Huggel C, Haeberli W, Kääb A, et al. 2004. An assessment procedure for glacial hazards in the Swiss Alps. Canadian Geotechnical Journal, 41 (6): 1068-1083.

Huggel C, Kääb A, Haeberli W, et al. 2002. Remote sensing based assessment of hazards from glacier lake outbursts: a case study in the Swiss Alps. Canadian Geotechnical Journal, 39 (2): 316-330.

ICIMOD. 2011. Glacial Lakes and Glacial Lake Outburst Floods in Nepal. International Centre for Integrated Mountain Development (ICIMOD).

Immerzeel W W, Kraaijenbrink P D A, Shea J M, et al. 2014. High-resolution monitoring of Himalayan glacier dynamics using unmanned aerial vehicles. Remote Sensing of Environment, 150: 93-103.

Ives J D, Shrestha R B, Mool R K. 2010. Formation of Glacial Lakes in the Hindu Kush-Himalayas and GLOF Risk Assessment. ICIMOD 2010.

Iwata S, Jiao K. 1993. Fluctuations of the Zepu Glacier in late Holocene epoch, the eastern Nyainqentaglha Monntains, Qing-Xizang（Tibet）Plateau//Yao T, Ageta Y. Glaciological Climate and Environment on Qinghai-Xizang Plateau. Beijing: Science Press: 130-139.

Jacob T, Wahr J, Pfeffer W T, et al. 2012.Recent contributions of glaciers and ice caps to sea level rise. Nature, 482（Feb. 23 TN. 7386）: 514-518.

Juen M, Mayer C, Lambrecht A, et al. 2013. Impact of varying debris cover thickness on catchment scale ablation: a case study for Koxkar glacier in the Tien Shan. The Cryosphere, 7（6）: 5307-5332.

Kääb A, Berthier E, Nuth C, et al. 2012. Contrasting patterns of early twenty-first-century glacier mass change in the Himalayas. Nature. 488（7412）: 495-498.

Kääb A, Huggel C, Fischer L, et al. 2005. Remote sensing of glacier- and permafrost-related hazards in high mountains: an overview. Natural Hazards and Earth System Sciences, 5（4）: 527-554.

Kääb A, Treichler D, Nuth C, et al. 2015. Brief communication: contending estimates of 2003-2008 glacier mass balanceover the Pamir-Karakoram-Himalaya. The Cryosphere, 9（2）: 557-564.

Komori J. 2008. Recent expansions of glacial lakes in the Bhutan Himalayas. Quaternary International, 184: 177-186.

Kraaijenbrink P, Meijer S W, Shea J M, et al. 2016. Seasonal surface velocities of a Himalayan glacier derived by automated correlation of unmanned aerial vehicle imagery. Annals of Glaciology, 57（71）: 103-113.

Kumar K, Dumka R K, Miral M S, et al. 2008. Estimation of retreat rate of Gangotri glacier using rapid static and kinematic GPS survey. Current Science, 94（2）: 258-262.

Lei Y. 2012. Glacier mass loss induced the rapid growth of Linggo Co on the central Tibetan Plateau. Journal of Glaciolgoy, 548（207）: 177-184.

Li J, Li Z W, Ding X L, et al. 2014a. Investigating mountain glacier motion with the method of SAR intensity-tracking: removal of topographic effects and analysis of the dynamic patterns. Earth-Science Reviews, 138: 179-195.

Li J, Li Z, Zhu J, et al. 2013. Deriving surface motion of mountain glaciers in the Tuomuer-Khan Tengri Mountain Ranges from PALSAR images. Global and Planetary Change, 101: 61-71.

Li S, Yao T D, Yang W, et al. 2016. Melt season hydrological characteristics of the Parlung No. 4 Glacier, in Gangrigabu Mountains, south-east Tibetan Plateau. Hydrological Processes, 30（8）: 1171-1191.

Li Y, Liao J, Guo H, et al. 2014b. Patterns and Potential Drivers of Dramatic Changes in Tibetan Lakes, 1972-2010. PLoS ONE, 9（11）: e111890.

Liu J J, Chuan T, Zun-lan C. 2013. The two main mechanisms of Glacier Lake Outburst Flood in Tibet, China. Journal of Mountain Science, 10（2）: 239-248.

Loibl D, Lehmkuhl F, Griessinger J. 2014. Reconstructing glacier retreat since the Little Ice Age in SE Tibet by glacier mapping and equilibrium line altitude calculation. Geomorphology, 214（Jun.1）: 22-39.

Lutz A F, Immerzeel W W, Shrestha A B, et al. 2014. Consistent increase in High Asia's runoff due to increasing glacier melt and precipitation. Nature Climate Change, 4(7): 587-592.

Matsuo K, Heki K. 2010. Time-variable ice loss in Asian high mountains from satellite gravimetry. Earth and Planetary Science Letters, 290(1/2): 30-36.

Mattson L E, Gardner J S, Young G J. 1993. Ablation on debris covered glaciers: an example from the Rakhiot Glacier, Punjab, Himalaya. IAHS Publication, 218: 289-296.

Mergili M, Mueller J P, Schneider J F. 2013. Spatio-temporal development of high-mountain lakes in the headwaters of the Amu Darya River (Central Asia). Global and Planetary Change, 107: 13-24.

Mölg T, Cullen N J, Hardy D R, et al. 2008. Mass balance of a slope glacier on Kilimanjaro and its sensitivity to climate. International Journal of Climatology, 28(7): 881-892.

Mölg T, Maussion F, Yang W, et al. 2012. The footprint of Asian monsoon dynamics in the mass and energy balance of a Tibetan glacier. The Cryosphere, 6: 1445-1461.

Munneke P K, Reijmer C H, van den Broeke M R. 2011. Assessing the retrieval of cloud properties from radiation measurements over snow and ice. International Journal of Climatology, 31(5): 756-769.

Neckel N, Loibl D, Rankl M. 2017. Recent slowdown and thinning of debris-covered glaciers in south-eastern Tibet. Earth and Planetary Science Letters, 464: 95-102.

Nie Y, Liua Q, Wang J, et al. 2018. An inventory of historical glacial lake outburst floods in the Himalayas based on remote sensing observations and geomorphological analysis. Geomorphology, 308: 91-106.

Niederer P, Bilenko V, Ershova N, et al. 2008. Tracing glacier wastage in the Northern Tien Shan (Kyrgyzstan/Central Asia) over the last 40 years. Climatic Change, 86(1/2): 227-234.

Nobakht M, Motagh M, Wetzel H U, et al. 2015. Spatial and Temporal Kinematics of the Inylchek Glacier in Kyrgyzstan Derived from Landsat and ASTER Imagery. Springer International Publishing, 11: 145-149.

O'Connor J E, Iii J, Gosta J E. 2001. Debris flows from failures of Neoglacial-Age moraine dams in the Three Sisters and Mount Jefferson wilderness areas, Oregon. US Geological Survey Professional Paper.

Oerlemans J, Fortuin J. 1992. Sensitivity of glaciers and small ice caps to green house warming. Science, 258(5079): 115-117.

Oerlemans J, Knap W H. 1998. A 1 year record of global radiation and albedo in the ablation zone of Morteratschgletscher, Switzerland. Journal of Glaciology, 44(147): 231-238.

Oke T R. 1987. Boundary Layer Climates, 2nd ed. New York: Routledge.

Pandey P, Venkataraman G. 2013. Changes in the glaciers of Chandra-Bhaga basin, Himachal Himalaya, India, between 1980 and 2010 measured using remote sensing. International Journal of Remote Sensing, 34(15/16): 5584-5597.

Paterson W S B. 1994. The Physics of Glaciers, 3rd ed. New York: Pergamon.

Paul F, Huggel C, Kääb A. 2004. Combining satellite multispectral image data and a digital elevation model for mapping debris-covered glaciers. Remote Sensing of Environment, 89(4): 510-518.

Paul F, Kääb A, Maisch M, et al. 2002. The new remote-sensing-derived swiss glacier inventory: I. Methods. Annals of Glaciology, 34(1): 355-361.

Quincey D J, Glasser N F. 2009. Morphological and ice-dynamical changes on the Tasman Glacier, New Zealand, 1990-2007. Global and Planetary Change, 68(3): 185-197.

Quincey D J, Lucas R M, Richardson S D, et al. 2005. Optical remote sensing techniques in high-mountain environments: application to glacial hazards. Progress in Physical Geography, 29(4): 475-505.

Quincey D J, Luckman A, Benn D. 2009. Quantification of Everest region glacier velocities between 1992 and 2002, using satellite radar interferometry and feature tracking. Journal of Glaciology, 55(192): 596-606.

Racoviteanu A, Williams M W, Barry R G. 2005. Optical remote sensing of glacier characteristics: a review with focus on the Himalayas. Sensors, 8(5): 3355-3383.

Reid T D, Carenzo M, Pellicciotti F, et al. 2012. Including debris cover effects in a distributed model of glacier ablation, Journal of Geophysical Research, 117: D18105.

Richardson S D, Reynolds J M. 2000. Degradation of ice-cored moraine dams: implications for hazard development//Nakawo M, Raymond C F, Fountain A. Debris-Covered Glaciers. Washington, U.S.A.: IAHS Publication: 187-198.

Rickenmann D. 1999. Empirical relationships for debris flows. Natural Hazards, 19: 47-77.

Romstad B, Harbitz C B, Domaas V. 2009. A GIS method for assessment of rock slide tsunami hazard in all Norwegion lakes and reservoirs. Natural Hazards and Earth System Sciences, 9(2): 353-364.

Rounce D R, McKinney D C. 2014. Debris thickness of glaciers in the Everest area (Nepal Himalaya) derived from satellite imagery using a nonlinear energy balance model. The Cryosphere, 8(4): 1317-1329.

Rowan A V, Quincey D J, Egholm D L, et al. 2015. Modelling the feedbacks between mass balance, ice flow and debris transport to predict the response to climate change of debris-covered glaciers in the Himalaya. Earth and Planetary Science Letters, 430: 427-438.

Sakai A, Takeuchi N, Fujita K, et al. 2000. Role of supraglacial ponds in the ablation process of a debris-covered glacier in the Nepal Himalayas//Nakawo M, Raymond C F, Fountain A. Debris-Covered Glaciers: 119-130.

Sakakibara D, Sugiyama S. 2015. Ice-front variations and speed changes of calving glaciers in the Southern Patagonia Icefield from 1984 to 2011. Journal of Geophysical Research-Earth Surface, 119(11): 2541-2554.

Satyabala S. 2016. Spatiotemporal variations in surface velocity of the Gangotri glacier, Garhwal Himalaya, India: study using synthetic aperture radar data. Remote Sensing of Environment, 181: 151-161.

Scherler D, Bookhagen B, Strecker M R. 2011. Spatially variable response of Himalayan glaciers to climate change affected by debris cover. Nature Geoscience, 4(3): 156-159.

Scherler D, Strecker M R. 2017. Large surface velocity fluctuations of Biafo Glacier, central Karakoram, at high spatial and temporal resolution from optical satellite images. Journal of Glaciology, 58(209): 569-580.

Sharma P, Pratap T. 1994. Population, Poverty, and Development issues in the Hindu Kush Himalayas,

Development of Poor Mountain Areas. International Centre for Integrated Mountain Development（ICIMOD）.

Smeets C J P P, van den Broeke M R. 2008. The parameterisation of scalar transfer over rough ice. Boundary-Layer Meteorology, 128（3）: 339-355.

Strozzi T, Gudmundsson G, Wegmüller U. 2002a. Estimation of the surface displacement of Swiss alpine glaciers using satellite radar interferometry. Proceedings of EARSeL-LISSIG-Workshop Observing our Cryosphere from Space.

Strozzi T, Kouraev A, Wiesmann A, et al. 2008. Estimation of Arctic glacier motion with satellite L-band SAR data. Remote Sensing of Environment, 112（3）: 636-645.

Strozzi T, Luckman A, Murray T, et al. 2002b. Glacier motion estimation using SAR offset-tracking procedures. IEEE Transactions on Geoscience and Remote Sensing, 40（11）: 2384-2391.

Su F, Zhang L, Ou T, et al. 2016. Hydrological response to future climate changes for the major upstream reiver basins in the Tibetan Plateau. Global and Planetary Change, 136: 82-95.

Sun W, Qin X, Ren J, et al. 2012. The Surface Energy Budget in the Accumulation Zone of the Laohugou Glacier No. 12 in the Western Qilian Mountains, China, in Summer 2009. Arctic, Antarctic, and Alpine Research, 44（3）: 296-305.

Takahashi S, Ohata T, Xie Y. 1989. Characteristics of heat and water fluxes on glacier and ground surfaces in the West Kunlun Mountains. Bulletin of Glaciological Research, 7: 89-98.

Tennant C, Menounos B, Wheate R, et al. 2012. Area change of glaciers in the Canadian Rocky Mountains, 1919 to 2006. The Cryosphere, 6（4）: 1541-1552.

Thakuri S, Franco S, Tobias B, et al. 2016. Factors controlling the accelerated expansion of Imja Lake, Mount Everest region, Nepal. Annals of Glaciology, 57（71）: 245-257.

Turrin J, Forster R R, Larsen C, et al. 2013b. The propagation of a surge front on Bering Glacier, Alaska, 2001-2011. Annals of Glaciology, 54（63）: 221-228.

Turrin J, Forster R, Sauber J, et al. 2013a. Effects of bedrock lithology and subglacial till on the motion of Ruth Glacier, Alaska, deduced from five pulses from 1973-2012. Biocontrol Science & Technology, 60（222）: 771-781.

USACE. 2010. HEC-RAS: River analysis system, hydraulic reference manual. Davis, Calif.

van den Broeke M R. 1997. Spatial and temporal variation of sublimation on Antarctica: results of a high-resolution general circulation model. Journal of Geophysical Research, 102（D25）: 29765-29777.

van den Broeke M, Reijmer C, van As D, et al. 2006. Daily cycle of the surface energy balance in Antarctica and the influence of clouds. International Journal of Climatology, 26（12）: 1587-1605.

Veh G, Korup O, von Specht S, et al. 2019. Unchanged frequency of moraine-dammed glacial lake outburst floods in the Himalaya. Nature Climate Change, 9（5）: 379-383.

Wang G, Shen Y. 2011. The effect of change in glacierized area on the calculation of mass balance in the Glacier No. 1 at the Headwaters of Urumqi River（in Chinese）. Journal of Glaciology and Geocryology, 33: 1-7.

Wang S, Qin D, Xiao C, et al. 2015a. Moraine-dammed lake distribution and outburst flood risk in the Chinese Himalaya. Journal of Glaciolgoy, 61 (225): 115-126.

Wang W C, Yao T D, Gao Y, et al. 2011b. A First-order Method to Identify Potentially Dangerous Glacial Lakes in a Region of the Southeastern Tibetan Plateau. Mountain Research and Development, 31 (2): 122-130.

Wang W C, Yao T D, Yang W, et al. 2012b. Methods for assessing regional glacial lake variation and hazard in the southeastern Tibetan Plateau: a case study from the Boshula mountain range, China. Environmental Earth Sciences, 67 (4): 1441-1450.

Wang W, Gao Y, Anacona P, et al. 2018. Integrated hazard assessment of Cirenmaco glacial lake in Zhangzangbo valley, Central Himalayas. Geomorphology, 306: 292-305.

Wang W, Xiang Y, Gao Y, et al. 2015b. Rapid expansion of glacial lakes caused by climate and glacier retreat in the Central Himalayas. Hydrological Processes, 29 (6): 859-874.

Wang W, Yao T, Yang W, et al. 2012a. Methods for assessing regional glacial lake variation and hazard in the southeastern Tibetan Plateau: a case study from the Boshula mountain range, China. Environmental Earth Sciences, 67 (5): 1441-1450.

Wang W, Yao T, Yang X. 2011a. Variations of glacial lakes and glaciers in the Boshula mountain range, southeast Tibet, from the 1970s to 2009. Annals of Glaciology, 52 (58): 9-17.

Wang Y T, Hou S G, Liu Y P. 2009. Glacier changes in the Karlik Shan, eastern Tien Shan, during 1971/72–2001/02. Annals of Glaciology, 50 (53): 39-45.

Wessels R, Kargel J S, Kieffer H H. 2002. ASTER measurement of supraglacial lakes in the Mount Everest region of the Himalaya. Annals of Glaciology, 34 (1): 399-408.

Wester P. 2019. The Hindu Kush Himalaya Assessment. Springer Nature Switzerland AG.

Westoby M J, Glasser N F, Brasingtone J, et al. 2014. Modelling outburst floods from moraine-dammed glacial lakes. Earth-Science Reviews, 134: 137-159.

Wilson R, Mernild S H, Malmros J K, et al. 2016. Surface velocity fluctuations for Glaciar Universidad, central Chile, between 1967 and 2015. Journal of Glaciology, 62 (335): 847-860.

Worni R, Huggel C, Clague J J, et al. 2014. Coupling glacial lake impact, dam breach, and flood processes: a modeling perspective. Geomorphology, 224: 161-176.

Worni R, Huggel C, Stoffel M, et al. 2013. Glacier lakes in the Indian Himalayas-From an area-wide glacial lake inventory to on-site and modeling based risk assessment of critical glacial lakes. Science of the Total Environment, 468: s71-s84.

Worni R, Stoffel M, Huggel C, et al. 2012. Analysis and dynamic modeling of a moraine failure and glacier lake outburst flood at Ventisquero Negro, Patagonian Andes (Argentina). Journal of Hydrology, 444-445: 134-145.

Wu K, Liu S, Jiang Z, et al. 2018. Recent glacier mass balance and area changes in the Kangri Karpo Mountains from DEMs and glacier inventories. Cryosphere, 12 (1): 103-121.

Xin W.2012. Using remote sensing data to quantify changes in glacial lakes in the Chinese Himalaya.

Mountain Research and Development, 32 (2): 203-212.

Xu B Q, Cao J J, Hansen J, et al. 2009b. Black soot and the survival of Tibetan glaciers. PNAS, 106 (52): 22114-22118.

Xu B Q, Wang M, Joswiak D R, et al. 2009a. Deposition of anthropogenic aerosols in a Southeastern Tibetan Glacier. Journal of Geophysical Research, 114 (D17): D17209.

Xu D. 1988. Characteristics of debris flow caused by outburst of glacial lake in Boqu River, Xizang, China, 1981. GeoJournal, 17 (4): 569-580.

Yan S, Liu G, Wang Y, et al. 2015. Glacier surface motion pattern in the Eastern part of West Kunlun Shan estimation using pixel-tracking with PALSAR imagery. Environmental Earth Sciences, 74 (3): 1871-1881.

Yang B, Brauning A, Dong Z B, et al. 2008. Late Holocene monsoonal temperate glacier fluctuations on the Tibetan Plateau. Global and Planetary Change, 60 (1-2): 126-140.

Yang H, Yan S, Liu G, et al. 2014. Fluctuations and movements of the Kuksai Glacier, western China, derived from Landsat image sequences. Journal of Applied Remote Sensing, 8 (1): 084599.

Yang K, Koike T, Fujii H, et al. 2002. Improvement of surface flux parameterizations with a turbulence-related length. Quarterly Journal of the Royal Meteorological Society, 128: 2073-2087.

Yang K, Koike T, Ishikawa H, et al. 2008. Turbulent flux transfer over bare-soil surfaces: characteristics and parameterization. Journal of Applied Meteorology and Climatology, 47 (1): 276-290.

Yang W, Guo X F, Yao T D, et al. 2011. Summertime surface energy budget and ablation modeling on a Tibetan maritime glacier. Journal of Geophysical Research-Atmospheres.

Yang W, Guo X F, Yao T D, et al. 2016. Recent accelerating mass loss of southeast Tibetan glaciers and the relationship with changes in macroscale atmospheric circulations. Climate Dynamics, 47 (3-4): 805-815.

Yang W, Yao T D, Guo X F, et al. 2013. Mass balance of a maritime glacier on the southeast Tibetan Plateau and its climatic sensitivity. Journal of Geophysical Research-Atmospheres, 118 (17): 9579-9597.

Yang W, Yao T D, Xu B Q, et al. 2010b. Influence of supraglacial debris on the summer ablation and mass balance in the 24K Glacier, southeastern Tibetan Plateau. Geografiska Annaler Series A-Physical Geography, 92: 353-360.

Yang W, Yao T D, Zhu M L, et al. 2017. Comparison of the meteorology and surface energy fluxes of debris-free and debris-covered glaciers in the southeastern Tibetan Plateau. Journal of Glaciology, 63 (242): 1090-1104.

Yang W, Yao T, Guo X, et al. 2013. Mass balance of a maritime glacier on the southeast Tibetan Plateau and its climatic sensitivity. Journal of Geophysical Research - Atmospheres, 118 (17): 9579-9594.

Yang W, Yao T, Xu B, et al. 2010a. Characteristics of recent temperate glacier fluctuations in the Parlung Zangbo River basin, southeast Tibetan Plateau. Chinese Science Bulletin, 55 (20): 2097-2102.

Yao T, Li Z, Yang W, et al. 2010. Glacial distribution and mass balance in the Yarlung Zangbo River and its influence on lakes. Chinese Science Bulletin, 55 (20): 2072-2078.

Yao T, Thompson L, Yang W, et al. 2012. Different glacier status with atmospheric circulations in Tibetan

Plateau and surroundings, Nature Climate Change, 2(9): 663-667.

Yasuda T, Furuya M. 2013. Short-term glacier velocity changes at west kunlun shan, northwest tibet, detected by synthetic aperture radar data. Remote Sensing of Environment, 128: 87-106.

Zhang G, Kang S, Fujita K, et al. 2013. Energy and mass balance of Zhadang glacier surface, central Tibetan Plateau. Journal of Glaciology, 59(213): 137-148.

Zhang G, Yao T, Xie H. 2015. An inventory of glacial lakes in the Third Pole region and their changes in response to global warming. Global and Planetary Change, 131: 148-157.

Zhang Y, Fujita K, Liu S, et al. 2010. Multi-decadal ice-velocity and elevation changes of a monsoonal maritime glacier: Hailuogou glacier, China. Journal of Glaciology, 56(195): 65-74.

Zhang Y, Hirabayashi Y, Liu S. 2012. Catchment-scale reconstruction of glacier mass balance using observations and global climate data: case study of the Hailuogou catchment, south-eastern Tibetan Plateau. Journal of Hydrology, 444-445: 146-160.

Zhang Y, Kang S, Cong Z, et al. 2017. Light-absorbing impurities enhance glacier albedo reduction in the southeastern Tibetan Plateau. Journal of Geophysical Research - Atmospheres, 122(13): 6915-6933.

Zhao H B, Xu B Q, Li Z, et al. 2017. Abundant climatic information in water stable isotope record from a maritime glacier on southeastern Tibetan Plateau. Climate Dynamics, 48(3-4): 1161-1171.

Zhao Q, Ding Y, Wang J, et al. 2019. Projecting climate changes impacts on hydrological processes on the Tibetan Plateau with model calibration against the Glacier Inventory Data and observed stram flow. Journal of Hydrology, 573: 60-81.

Zhou J M, Li Z, Guo W Q. 2014. Estimation and analysis of the surface velocity field of mountain glaciers in Muztag Ata using satellite SAR data. Environmental earth sciences, 71(8): 3581-3592.

Zhu M L, Yao T D, Yang W, et al. 2015. Energy- and mass-balance comparison between Zhadang and Parlung No.4 glaciers on the Tibetan Plateau. Journal of Glaciology, 61(227): 595-607.

附 录

附录 科考图片集

附图 1　帕隆 4 号冰川 2017 年 12 月冰川末端和 2018 年 9 月 12 日冰川末端

附图 2　利用无人机在 500 m 高空拍摄的帕隆 94 号冰川全景图（2018 年 9 月摄）

附图 3　从冰川末端远眺察隅阿扎冰川（2018 年 11 月）

附图 4　阿扎冰川中部及冰川末端（2018 年 11 月）

附图 5　南迦巴瓦冰川下则隆弄冰川照片（2018 年 10 月摄）和波密 24K 冰川雪景（2018 年 11 月摄）

附图 6　然乌湖帕隆 12 号冰川及其旁边的悬冰川（2018 年 9 月）

附图 7　珠西沟冰川末端表面和冰川上部粒雪盆雪崩补给区表面情况（2018 年 11 月）

附图 8　古乡泥石流沟内及泥石流扇照片（图中显示 318 国道）

附图 9　然乌雅弄（来古）冰川末端照片（左图 2017 年 11 月，右图 2018 年 11 月）

附图 10　积雪覆盖的则普冰川和通往若果冰川路上的雪崩（2018 年 11 月摄）

附图 11　2018 年 11 月份阿扎冰川 GPS 冰量变化测量与表雪采样

附图 12　科考雪中前行及采样

附图 13　珠西沟冰川采样及差分 GPS 测量

附图 14　阿扎冰川进行物质平衡观测的路上和冰川无人机测绘工作照片

附图 15　冰川表面蒸汽钻进行冰孔的钻取

附图 16　珠西沟冰川水文观测